AF569567

© 2021

Verlag Podszun-Motorbücher GmbH
Elisabethstraße 23-25, D-59929 Brilon
Herstellung: LUC Medienhaus, Greven
Internet: www.podszun-verlag.de
Email: info@podszun-verlag.de
ISBN 978-3-7516-1012-4

Für die Richtigkeit von Informationen und Daten kann keine Gewähr oder Haftung übernommen werden.
Es ist nicht gestattet, Abbildungen oder Texte dieses Buches zu scannen, in PCs oder auf CDs zu speichern oder im Internet zu veröffentlichen.

ALEXANDER WEBER

Fotoalbum der

MASCHINENFABRIK ESSLINGEN

Triebwagen

Vorwort

Mit diesem mittlerweile fünften und damit vorletzten Bildband zur Maschinenfabrik Esslingen geht unsere kleine Bücherreihe langsam aber sicher ihrem Ende entgegen. Die Triebwagenfertigung, der er sich widmet, nahm bei der Maschinenfabrik Esslingen immer eine gewisse Sonderstellung ein, denn ganz ihrem Charakter als Zwitterwesen zwischen Waggon und Lokomotive entsprechend, lag die Ausführung des wagenbaulichen Teils bei der Abteilung W, während zumindest bei den Dampftriebwagen der Anfangsjahre den Kesselbau die Abteilung L übernahm. Aus dieser Zweiteilung ergibt es sich dann auch, dass die Triebwagen der ME oft mehrere Fabriknummern besitzen und zwar jeweils eine jeder ausführenden Abteilung. Dies und auch die Tatsache, dass gerade viele Fotos und Unterlagen der Abteilung W und darunter auch die Fabriknummernliste verschwunden sind, haben die Recherchen nicht gerade einfacher gemacht. Trotz allem ist es aber auch diesmal wieder gelungen, einen Fotoband mit zahlreichen Hintergrundinformationen zu den einzelnen Fahrzeugen, die man teils mit Fug und Recht als Meilensteine der Eisenbahnfahrzeugfertigung in Deutschland bezeichnen kann, zusammenzutragen.

Ohne die tatkräftige Hilfe Dritter wäre dies alles natürlich nicht möglich gewesen. Mein Dank gilt daher zunächst einmal wieder dem Wirtschaftsarchiv Baden-Württemberg und hier vor allem der Direktorin Frau Dr. Britta Leise. Die Mercedes-Benz Classic Archive, Herr Wolfram Berner, Herr Jens Lohmann vom Kreisarchiv Landkreis Lüneburg, Herr Jürgen Ranger und Herr Wolfgang-Dieter Richter, der freundlicherweise wieder die Texte redigiert und viele Werksaufnahmen restauriert hat, haben weiteres Bildmaterial und Informationen beigesteuert.

Wie so oft lässt es sich leider nicht vermeiden, dass sich bei der Vielzahl der gebauten Triebwagen und einer bisweilen unklaren Quellenlage bzw. sich teils widersprechenden Angaben in den zur Verfügung stehenden Publikationen der eine oder andere Fehler einschleicht. Daher würde ich mich über eventuelle Korrekturen oder Ergänzungen aus der Leserschaft, die direkt an den Verlag gesandt werden können, sehr freuen.

Alexander Weber
Heilbronn, Januar 2021

Dampftriebwagen der Maschinenfabrik Esslingen

Als sich Mitte des 19. Jahrhunderts die Eisenbahn als Transportmittel immer mehr durchsetzen kann und die Streckennetze im ganzen damaligen Deutschen Reich wachsen, kommen bei vielen Bahnverwaltungen bald auch Überlegungen auf, wie man den Betrieb und hier vor allem beim Personentransport rationalisieren und damit kostengünstiger gestalten könnte. Gerade auf Nebenstrecken mit nur geringem Verkehrsaufkommen, aber auch auf Kurzstrecken erweist sich der Betrieb lokbespannter Züge oft als unwirtschaftlich. Was liegt also näher, als eine Art Personenwagen mit eigenem Antrieb, eben einen Triebwagen, zu schaffen?

Es entstehen daher schon sehr früh erste Konzepte für Dampftriebwagen, die aber allesamt nicht über den Charakter von Prototypen und Versuchsfahrzeugen hinauskommen. Die erste wirklich alltagstaugliche Konstruktion entwickelt schließlich 1879 der Ingenieur Georg Thomas, der seit 1856 erster Maschinenmeister und seit 1876 Mitglied der so genannten „Specialdirection" der Hessischen Ludwigsbahn ist. Der Dampftriebwagen Bauart Thomas, den sich sein Erfinder patentieren lässt, besteht aus einer kompakten Kleinlokomotive als Motorwagen, die fest mit einem doppelstöckigen Personenwagen zu einer Einheit verbunden ist. Während den Personenwagen die Maschinenbau-Aktiengesellschaft Nürnberg, eine der Firmen, aus denen später die MAN hervorgehen wird, zuliefert, kann Thomas als Hersteller des Motorwagens die Maschinenfabrik Esslingen gewinnen. Der Motorwagen selbst weist einen querliegenden Kessel auf, während die zweizylindrige Antriebseinheit als Innenzylindermaschine längs zwischen die Rahmenwangen eingebaut ist und die gekröpfte Treibachse antreibt. Dank eines Hilfsradsatzes mit im Vergleich zum Antriebsradsatz kleinerem Raddurchmesser ist der Motorwagen auch ohne angehängten Personenwagen eingeschränkt fahrfähig. Voll einsatzfähig wird das Gefährt allerdings erst, wenn es fest mit seinem zugehörigen Personenwagen zusammengekuppelt ist und die Hilfsachse entfernt wurde.

Nach Testfahrten des mit dem Namen „Glückauf" versehenen Gespanns rund um Fellbach liefert die ME dieses noch 1879 an die Hessische Ludwigsbahn ab, die es auf der Odenwaldbahn einsetzt. Der Dampftriebwagen bewährt sich dabei so gut, dass 1882 noch zwei weitere Exemplare folgen, die auf die Namen „Puck" und „Gnom" getauft werden. Im selben Jahr erkennt der Verein Deutscher Eisenbahnverwaltungen Ing. Georg Thomas auch einen Preis für seine Erfindung zu, welche allerdings auch einen entscheidenden Nachteil aufweist. Die Dampftriebwagen Bauart Thomas sind reine Einrichtungsfahrzeuge, was bedeutet, dass an den Endpunkten der Strecken jeweils eine Drehscheibe vorhanden sein muss, um das Gespann auch wieder wenden zu können. Da diese aber teuer im Bau und Unterhalt sind, hält sich das Interesse der Königlich Württembergischen Staatsbahn (KWStE) an der Konstruktion in Grenzen, weshalb auch die ME das Projekt nicht weiter verfolgt.

Allerdings erkennt man auch bei der KWStE die grundsätzlichen Vorteile des Triebwagenkonzepts, da auf den zahlreichen Nebenstrecken des Königreiches zwar oft reger Güter-, aber kaum Personenverkehr herrscht. Auf der Suche nach einem geeigneten Triebwagenkonzept werden die Verantwortlichen in Württemberg auf eine Entwicklung des Franzosen Henri Serpollet aus dem Jahr 1881 aufmerksam. Dieser hatte sich einen Kessel – oder besser gesagt Verdampfer – patentieren lassen, in dem eine Wärmequelle Kupferrohre in einem feuerfesten Gefäß bis zum Glühpunkt erhitzt. In diese wird dann Wasser eingespritzt, welches sofort verdampft, so dass dieser entstehende Dampf unmittelbar in einer angeschlossenen Dampfmaschine genutzt werden kann, um ihn in Antriebsenergie umzuwandeln. Da die Serpollet-Verdampfer in Frankreich sehr erfolgreich im Kleingewerbe, aber auch als Antriebsquelle von Fahrzeugen bis hin zu Straßenbahnen genutzt werden, nimmt die KWStE Kontakt zur Société des Moteurs Serpollet in Paris auf, um einen ersten Dampftriebwagen für Württemberg mit diesem neuartigen Antriebssystem zu ordern.

Den ursprünglichen Plan, dass Serpollet nur den Verdampfer liefert, die Herstellung des Triebwagens selbst aber die ME übernimmt, muss man allerdings schnell aufgeben, denn die französischen Partner bestehen darauf, den Triebwagen komplett zu fertigen. Dieser DW 1 kommt schließlich 1897 in Württemberg an und wird auch sogleich intensiven Tests unterzogen, bei denen zahlreiche Probleme zu Tage treten. Durch die direkte Einwirkung des Feu-

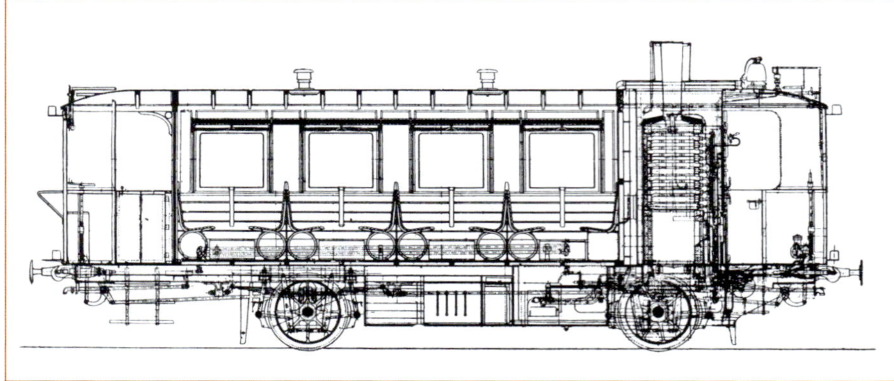

Auf dieser Schnittzeichnung sehen wir einen Esslinger Dampftriebwagen mit Serpollet-Verdampfer. In dieser Bauform lieferte die ME zwischen 1900 und 1903 insgesamt sechs Exemplare an die KWStE.

ers vor allem auf die untersten Rohre verziehen sich diese oft und neigen dann zu Undichtigkeiten. Auch die starke thermische und mechanische Belastung der glühenden Rohre, in die kaltes Wasser schlagartig hineingespritzt wird, welches dann ebenso schlagartig verdampft und dadurch an Volumen zunimmt, ist gewaltig und führt oft zu Brüchen. Zudem neigen die Rohre dazu, schnell zu verkalken und dann komplett zu verstopfen. Ein weiteres Problem ist die Kolbenpumpe, die das Wasser in die Rohre einspritzt und gerade bei Steigungsfahrten viel zu schwach ist, so dass der Lokführer von Hand zusätzliches Wasser in den Verdampfer pumpen muss, um noch genügend Dampfdruck zu erzeugen. Überhaupt erweist sich das System an sich im Eisenbahnbetrieb als nur sehr schlecht steuerbar, da einerseits ein Kohlenfeuer sehr träge reagiert und andererseits keinerlei Dampfstauraum vorhanden ist, das heißt, dass die vorhandene Dampfmenge nur durch Regulation des eingespritzten Wassers gesteuert werden kann. Serpollet selbst hatte gerade ersteres Problem schon kommen sehen und angeregt, flüssige Brennstoffe einzusetzen, was aber die KWStE aus Kostengründen abgelehnt hatte.

Um den DW 1 zumindest halbwegs betriebssicher zu machen, arbeiten sowohl die Techniker von Serpollet als auch der Maschinenfabrik, die mittlerweile von den Franzosen als Partner akzeptiert wurde, fieberhaft an der Verbesserung des Systems, doch es wird bis 1900 dauern, bis mit dem DW 2 schließlich der nächste Serpollet-Dampftriebwagen an die KWStE abgeliefert werden kann. Ihm folgen bis 1901 noch die Exemplare DW 3 bis DW 5. Allen diesen Dampftriebwagen gemein ist, dass die Verdampfer noch von Serpollet zugeliefert werden, während der wagenbauliche Teil bereits komplett durch die Esslinger erfolgt. In den Jahren 1902 und 1903 kann die ME dann noch je einen Serpollet-Dampftriebwagen an die Badische Staatsbahn, die Königlich sächsische Staatseisenbahn (K.Sächs.Sts.E.B.) sowie in die Schweiz verkaufen und auch die KWStE erhält nochmals zwei Exemplare. Diese fünf Triebwagen fertigen die Esslinger komplett, denn zwischenzeitlich haben sie von Serpollet die Lizenzen zur Vermarktung des Systems erworben. 1902 liefert die Maschinenfabrik dann noch einen Verdampfer nebst Dampfmaschine und Fahrwerksteilen an die ungarische k. u. k. Staatsbahn, die damit von Ringhoffer in Prag einen Dampftriebwagen bauen lässt, der seine Ähnlichkeit zum ME-Original nicht verleugnen kann.

Ihrem Erfolgsprodukt Kittel-Dampftriebwagen widmet die ME einen eigenen Werbeprospekt, dessen Cover der DW 8 der KWStE ziert.

Trotz aller Verbesserungen, die die Maschinenfabrik dem Serpollet-Verdampfer während der Fertigung und auch an den bereits fertiggestellten Fahrzeugen zu Teil werden lässt, wird er doch nie wirklich zuverlässig funktionieren. Dies bleibt natürlich auch nicht Eugen Kittel, dem obersten Maschinenmeister der KWStE, verborgen, der sich Gedanken macht, wie ein wirklich alltagstauglicher Dampftriebwagen für Nebenbahnen aussehen könnte. Diese Überlegungen münden schließlich in eine stehende Kesselkonstruktion. Der 1908 vom Verein Deutscher Eisenbahnverwaltungen preisgekrönte, patentierte Kittel-Kessel ist eine stehbolzenlose und damit in der Fertigung günstige Konstruktion mit großer Wellrohrfeuerbüchse. Sie weist eine kurze Rohrführung, einen vergrößerten Dampfraum und vor allem eine vergrößerte Verdampfungsoberfläche am oberen, erweiterten Kesselende auf. Die Überhitzerschlange ist in der Rauchkammer, direkt im Anschluss an die obere Kesselrohrwand untergebracht, so dass zu den Zylindern überhitzter Dampf gelangt. Der Kittel-Kessel kann von nur einem Mann bedient werden und erweist sich als extrem wirtschaftlich, da er bei geringem Kohlenverbrauch eine sehr hohe Dampfausbeute liefert. Als angeschlossene Dampfmaschine kommt eine Zwillingsheißdampfmaschine in Standardbauart mit Heusingersteuerung zum Einbau.

Den ersten Kittel-Kessel kann die ME 1904 fertigstellen und baut ihn in den DW 6 ein, der gleichzeitig auch noch einen, ebenfalls durch Kittel patentierten, vergrößerten Führerstand erhält. Dieser ist nun deutlich breiter als der eigentliche Wagenkasten, wodurch der Lokführer sowohl bei Vorwärts- als auch bei Rückwärtsfahrt eine sehr gute Streckensicht hat. Nach umfangreichen Tests und einigen kleineren Verbesserungen beginnt 1905 schließlich die Serienfertigung der Kittel-Dampftriebwagen bei der ME. Neben der KWStE, die neun Regelspur-Triebwagen und ein Exemplar für 750 mm Schmalspur, bei dem der Kittel-Kessel auf ein zweiachsiges Motordrehgestell montiert ist, ordern, fertigt die ME bis 1915 noch acht Kittel-Triebwagen für die Badische Staatsbahn, ein Exemplar für die Preussische Militäreisenbahn, drei Schmalspurtriebwagen für die Bleckeder Kreisbahn sowie zwei Triebwagen für die Società Nazionale Ferrovie e Tramvie (SNFT), die in der Filiale in Saronno montiert werden. Daneben rüstet die Maschinenfabrik zahlreiche ihrer zuvor gefertigten Serpollet-Triebwagen ebenso wie drei De Dion & Bouton-Dampftriebwagen der

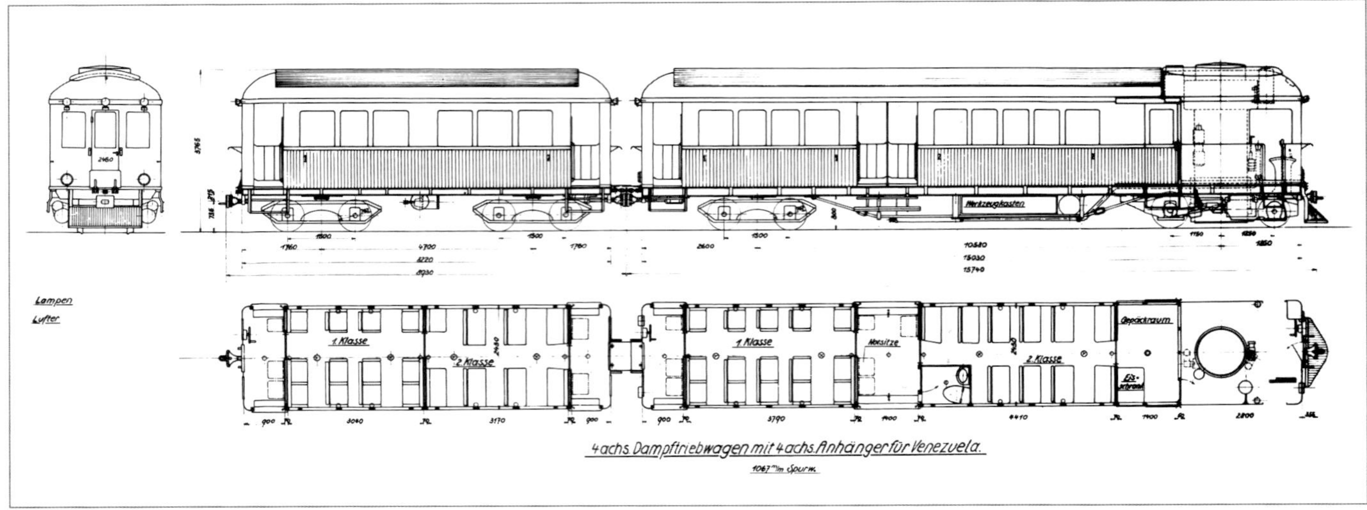

1929 liefert die Maschinenfabrik einen Dampftriebwagen mit Hochleistungs-Kittel-Kessel nach Venezuela, von dem wir hier die Typskizze sehen.

Zur Fertigstellung der Antriebseinheit des Venezuela-Triebwagens haben sich neben den Arbeitern der ME auch Chefkonstrukteur Otto Günther (3. von rechts) und Dr. Eugen Kittel (2. von rechts) zum Gruppenfoto versammelt.

Eisenbahndirektion Hannover auf das Kittel-System um, wobei diese auch das neue Führerhaus erhalten.

Der mittlerweile ausgebrochene Erste Weltkrieg verhindert weitere Lieferungen genauso wie die grundsätzliche Weiterentwicklung des Kittel-Antriebskonzeptes, um dieses auch für Triebwagen zum Einsatz auf Hauptstrecken nutzen zu können. An dieser Lage ändert sich auch nach 1918 nichts und noch weniger nach der Gründung der Deutschen Reichsbahn (DRG) im Jahr 1920, bei der Dampftriebwagen zunächst gar kein Thema sind. Im Ausland besinnt man sich dagegen der Esslinger und so erhalten diese 1929 eine Anfrage der Gran Ferrocarril de Venezuela, die für den Einsatz auf ihrer schmalspurigen Gebirgsstrecke von Caracas nach Los Teques bzw. Las Tejerias einen Dampftriebwagen im leichten Personenzugverkehr einsetzen möchte. Die anspruchsvolle Topografie mit Steigungen von bis zu 22 Promille erfordern eine umfassende Überarbeitung des klassischen Kittel-Kessels, um diesem mehr Leistung zu entlocken. Zudem muss er auf Ölfeuerung umgestellt werden, da der Besteller im ölreichen Venezuela dieses als Brennstoff nutzen will. Der alternative Einbau eines Dieselmotors schied aus, da das in Venezuela geförderte Rohöl zu unrein ist, um es direkt in einem Verbrennungsmotor zu nutzen, dem Land aber andererseits die Devisen fehlen, um raffinierte Ölprodukte einzukaufen. Die Techniker der ME konstruieren daher einen Hochleistungs-Kittel-Kessel mit Öl-Turbofeuerung und Schmidt'schem Kleinrohrüberhitzer. Der Kessel ist auf einem Triebdrehgestell montiert und leitet seinen Dampf an eine Zwillingsdampfmaschine mit Heusinger Steuerung weiter, welche eine der Achsen antreibt. Das zweite Drehgestell ist als reines Laufdrehgestell ausgeführt.

Auf diesen ruht der Wagenkasten, in dem zwei vom Führerstand abgetrennte Fahrgasträume der 1. und 2. Wagenklasse untergebracht sind, welche sich durch eine recht luxuriöse Innenausstattung auszeichnen. Ein Beiwagen macht den Dampftriebzug schließlich komplett. Nach seiner Überfahrt über den Atlantik beginnen unter Aufsicht der ME-Techniker sofort erste Probefahrten in Venezuela, bei denen die dünne Höhenluft auf 1000 bis 1200 m der Feuerung zunächst einige Probleme bereitet. Doch können die mitgereisten Fachleute diese schnell beheben, so dass der Triebwagen danach zur vollsten Zufriedenheit der Bahngesellschaft seinen Dienst versieht. Zu weiteren Bestellungen kommt es aber nicht.

Auf einer ersten Probefahrt im Urwald Südamerikas hat der Werksfotograf hier den Dampftriebwagen der Gran Ferrocarril de Venezuela festgehalten.

Erst 1932 erhält die ME einen neuen Auftrag für Dampftriebwagen. Die türkische Staatsbahn TCDD ordert gleich drei Exemplare in Esslingen, die konzeptionell wieder eine Rückkehr zu den Anfängen des Dampftriebwagenbaus im Jahr 1879 bedeuten. Die TCDD-Triebwagen bestehen nämlich wieder aus einem Motorwagen, der fest mit einem Personenwagen zusammengekuppelt wird. Beim Motorwagen wendet sich die ME vom Prinzip des Kittelkessels ab. Die drei Kleinlokomotiven, die man als Motorwagen für die Türkei entwickelt hat, weisen dagegen nun Steilrohrkessel auf, bei denen Wasser in einem Vorwärmer auf 200 Grad Celsius gebracht, entgast, entlüftet und entschlammt wird. Auch Härtebildner werden vor dem Eintritt in den eigentlichen Verdampferteil noch ausgefällt, so dass dort nur reines Wasser der Wärmestrahlung ausgesetzt ist. Auf diese Weise entsteht Hochdruckdampf mit rund 400 Grad Celsius, der eine Zwillingsdampfmaschine antreibt, welche wiederum auf die Antriebsachse wirkt. Das Kesselsystem ist mit einer Fahrpumpe, welche den Kessel mit Wasser speist, und einer halbautomatischen Rostbeschickung versehen, welche der Lokführer von seinem Standplatz aus bedienen kann.

Bei Testfahrten auf der Strecke Stuttgart–Friedrichshafen erreicht der TCDD-Triebwagen mit seinem 400 PS starken Antrieb eine Höchstgeschwindigkeit von 108 km/h, welche er allerdings in seiner neuen Heimat Türkei nur selten ausreizen wird. Beflügelt von diesen Erfolgen und

Zwei der drei Dampftriebwagen der TCDD sind auf diesem Foto noch vor ihrer Ablieferung in die Türkei versammelt.

auch in Anbetracht der mittlerweile angelaufenen Neubeschaffung von Dampftriebwagen durch die DRG entwickeln die Techniker in Esslingen aus dem TCDD-Motorwagen in den nächsten Jahren zahlreiche Konzepte für Klein- und Leichtdampflokomotiven sowie für Dampfmotorantriebe. Letzteren sieht die ME auch für einen Dampf-Schnelltriebwagen im Stile der Fliegenden Züge der DRG vor, doch keines dieser Projekt findet bei den Verantwortlichen in Berlin Gefallen. Ein letztes Projekt entsteht schließlich noch 1934, als die ME zusammen mit der MAN im Rahmen eines Preisausschreibens des Rheinisch-Westfälischen Kohlensyndikats einen dreiteiligen Dampftriebwagen entwirft. Aber auch dieser wird nie zur Ausführung gelangen und so verabschiedet man sich Ende der 1930er-Jahre in Esslingen endgültig vom Dampftriebwagen.

Leider nie zur Ausführung gelangte der Dampf-Schnelltriebwagen, den die ME in den 1930er-Jahren projektierte. (Nachlass Braitmaier – Wirtschaftsarchiv Baden-Württemberg)

Dampftriebwagen Bauart Thomas für die Hessische Ludwigsbahn

Fabriknummer	Baujahr	Betriebsnummer	Anmerkungen
1774	1879	I „Glückauf“	Wagenteil von der Maschinenbau-Aktiengesellschaft Nürnberg
1879	1882	II „Puck“	Wagenteil von der Maschinenbau-Aktiengesellschaft Nürnberg
1880	1882	III „Gnom“	Wagenteil von der Maschinenbau-Aktiengesellschaft Nürnberg

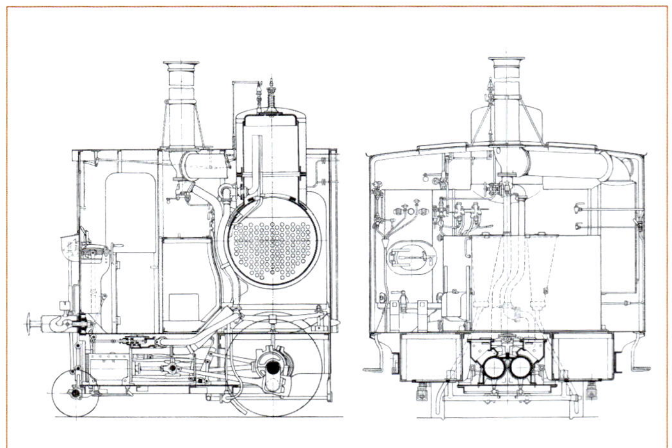

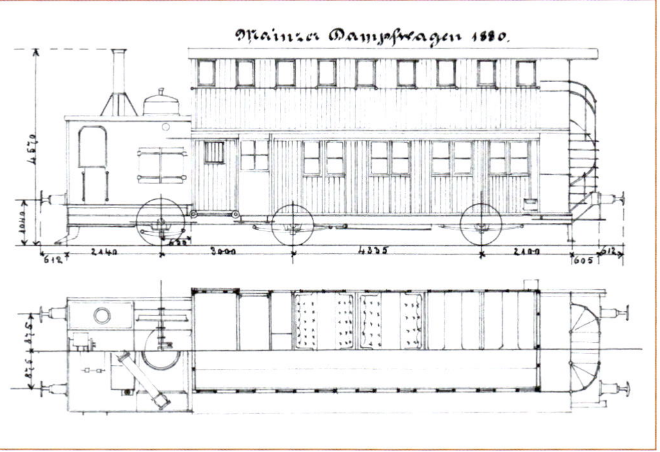

Links: Auf diesen beiden Zeichnungen sind ein Längs- und ein Querschnitt durch den Motorwagen des Dampftriebwagens Bauart Thomas zu sehen. Gut erkennbar ist der Hilfsradsatz mit kleinerem Raddurchmesser. Rechts: Die Maßzeichnung des kompletten Dampftriebwagens Bauart Thomas gewährt auch einen Blick in die Fahrgasträume. Während im Untergeschoss Sitzplätze der 1., 2. und 3. Wagenklasse sowie ein Gepäckraum untergebracht waren, war das Oberdeck komplett Fahrgästen der 3. Klasse vorbehalten. (Nachlass Braitmaier – Wirtschaftsarchiv Baden-Württemberg)

Serpollet-Dampftriebwagen

Fabriknummer	Baujahr	Betriebsnummer	Bahnverwaltung	Anmerkungen
- / W 8188	1900	DW 2	KWStE	nur Wagenteil von ME; Kessel von Soc. Serpollet, Paris
- / W 8258	1901	DW 3	KWStE	nur Wagenteil von ME; Kessel von Soc. Serpollet, Paris
- / W 8259	1901	DW 4	KWStE	nur Wagenteil von ME; Kessel von Soc. Serpollet, Paris
- / W 8260	1901	DW 5	KWStE	nur Wagenteil von ME; Kessel von Soc. Serpollet, Paris
? / W 8282	1902	CM 1/2 1	SBB	komplett von ME gefertigt
? / W 8261	1902	DW 6066	Badische Staatsbahn	komplett von ME gefertigt
? / W 8347	1902	S1	K. Sächs. Sts. E. B.	komplett von ME gefertigt
? / W 8349	1903	DW 6	KWStE	komplett von ME gefertigt
? / W 8350	1903	DW 7	KWStE	komplett von ME gefertigt

Den Serpollet-Dampftriebwagen DW 5 liefert die ME 1901 an die KWStE. Er ist der letzte, bei dem der Verdampfer noch von Serpollet selbst gefertigt wird. Danach übernimmt die Maschinenfabrik dessen Herstellung in Lizenz.

Kittel-Dampftriebwagen

Fabriknummer	Baujahr	Betriebsnummer	Bahnverwaltung	Anmerkungen
3337 / W 8429	1905	DW 8	KWStE	
3338 / W 8430	1905	DW 9	KWStE	
3356 / W 8468	1906	DW 10	KWStE	in Mailand ausgestellt
3375 / W 8522	1906	DW 11	KWStE	
3376 / W 8523	1906	DW 12	KWStE	
3377 / W 8524	1906	DW 13	KWStE	
3378 / W 8525	1906	DW 14	KWStE	
3399 / W 8526	1907	DWss 1	KWStE	750-mm-Schmalspurtriebwagen
3439 / W 8612	1907	1	SNFT	in Filiale Saronno montiert
3440 / W 8613	1907	2	SNFT	in Filiale Saronno montiert

Fabriknummer	Baujahr	Betriebsnummer	Bahnverwaltung	Anmerkungen
3469 / W 8659	1908	301	Königlich Preussische Militäreisenbahn	
3526 / W 8901	1909	DW 16	KWStE	
3527 / W 8902	1909	DW 17	KWStE	
3558 / W 9013	1910	2	Bleckeder Kreisbahn	750 mm-Schmalspurtriebwagen
3559 / W 9014	1910	3	Bleckeder Kreisbahn	750 mm-Schmalspurtriebwagen
3560 / W 9015	1910	4	Bleckeder Kreisbahn	750 mm-Schmalspurtriebwagen
3692 / W 9544	1913	1000	Badische Staatsbahn	
3693 / W 9545	1913	1001	Badische Staatsbahn	
3694 / W 9546	1913	1002	Badische Staatsbahn	
3749 / W 11126	1915	1003	Badische Staatsbahn	
3750 / W 11127	1915	1004	Badische Staatsbahn	
3751 / W 11128	1915	1005	Badische Staatsbahn	
3752 / W 11129	1915	1006	Badische Staatsbahn	
3753 / W 11130	1915	1007	Badische Staatsbahn	

Diese Aufnahme eines noch nackten Fahrwerks eines Kittel-Dampftriebwagens zeigt sehr gut die Anordnung des Kessels sowie auch von Steuerung und Antrieb. Mit einem Aufbau versehen, wird später DW 8 für die KWStE daraus werden.

Den fertigen DW 8, der 1905 an die KWStE ausgeliefert wird, sehen wir hier. Im Vergleich zu den Serpollet-Dampftriebwagen ist der Führerstand deutlich breiter ausgeführt, um dem Lokführer eine gute Streckensicht bei Vor- wie auch Rückwärtsfahrt zu gewährleisten.

Als Gattung 121 a reiht die Badische Staatsbahn ihre Kittel-Dampftriebwagen in den Fuhrpark ein. Nr. 1002 wird von der ME 1913 ausgeliefert.

Die SNFT, die zahlreiche Bahnstrecken in der Lombardei und der Emilia Romagna betrieb, ordert 1907 zwei Kittel-Dampftriebwagen bei der Maschinenfabrik Esslingen. Die Montage erfolgt in der ME-Filiale in Saronno. (Nachlass Braitmaier – Wirtschaftsarchiv Baden-Württemberg)

1908 liefern die Esslinger einen Kittel-Dampftriebwagen an die Preussische Militäreisenbahn für die Strecke Kummersdorf–Zossen. Wie auf dem Foto gut zu erkennen ist, hat er einen abweichend gestalteten Wagenkasten, bei dem auch das Fahrgastabteil die volle Wagenkastenbreite ausnutzt.

Für die Strecke Schussenried–Buchau ordert die KWStE einen Kittel-Dampftriebwagen mit 750 mm Spurweite. Bei ihm ist der Kessel auf einem zweiachsigen Triebdrehgestell montiert, dessen hintere Achse angetrieben ist.

Als 1910 der Kreis Bleckede den Betrieb der Bleckeder Kreisbahn von der Firma Lenz übernimmt, bestellt er bei der ME drei schmalspurige Kittel-Dampftriebwagen, die sich konstruktiv an das Exemplar für die KWStE anlehnen.

Ein unbekannter Wanderfotograf hat um 1910 die Dampftriebwagen der Bleckeder Kreisbahn verewigt. Hier dampft einer mit vier Wagen im Schlepp über den Marktplatz von Bleckede. (Kreisarchiv Landkreis Lüneburg)

Auf dieser Aufnahme hingegen steht Triebwagen Nr. 3 abfahrtbereit am Anschluss Karze. (Kreisarchiv Landkreis Lüneburg)

Hinter Betriebsnummer 6010 der KPEV verbirgt sich ein De Dion & Bouton-Dampftriebwagen aus dem Jahr 1905 der Hannoverschen Waggonfabrik, den die ME 1910 mit einem Kittel-Kessel und dem größeren Kittel-Fahrerhaus versieht.

Dampftriebwagen für die Gran Ferrocarril de Venezuela

Fabriknummer	Baujahr	Betriebsnummer
4226 / W ?	1929	1

Rechts: Hier sehen wir das Antriebsdrehgestell des Dampftriebwagens, den die ME 1929 nach Venezuela liefert. Gut erkennbar sind die Steuerung und der Brennstofferhitzer dieses ölgefeuerten Hochleistungs-Kittel-Kessels.

Unten: Auf diesen beiden Aufnahmen hat der Werksfotograf den fertigen Triebwagen vor der Ablieferung nach Südamerika festgehalten, der in einer eleganten Zweifarbenlackierung gehalten ist. 1. und 2. Wagenklasse trennt ein Doppeleinstieg für den schnellen Fahrgastfluss.

Das komplette Gespann aus Triebwagen und Beiwagen wurde hier fotografisch verewigt.

Ledersessel und eine 2 + 1-Bestuhlung kennzeichnen den Großraum 1. Klasse.

Stoffbezogene Sitze in 2 + 2-Anordnung gibt es dagegen in der 2. Klasse, die aber ansonsten kaum weniger wohnlich eingerichtet ist.

Nach der Ankunft in Venezuela wird der Triebwagen zunächst umfassend erprobt, wobei noch einige Kinderkrankheiten zutage treten. Auf einer dieser Probefahrten posiert das Gespann auf einer filigranen Gitterbrücke für ein Foto.

Während des Regelbetriebes ist dagegen diese Aufnahme entstanden, auf der der Beiwagen gut zu sehen ist.

Dampftriebwagen für die TCDD

Fabriknummer	Baujahr	Betriebsnummer
4238 / W ?	1932	1
4239 / W ?	1932	2
4240 / W ?	1932	3

Links oben: 1932 ordert die türkische Staatsbahn TCDD drei Dampftriebwagen, welche Gespanne aus Motorwagen und aufgesatteltem Personenwagen sind. Im Lokomotivbau des Werkes Mettingen sehen wir hier einen der Motorwagen, der bereits mit einem Aufbau versehen ist.

Links unten: Die fertiggestellte Kleinlokomotive Otomotris 3 hat der Werksfotograf auf diesem Foto festgehalten.

Rechts unten: Der Blick in den Führerstand von Otomotris 3 vermittelt die drangvolle Enge, in der der Lokführer seine Arbeit verrichten musste.

Otomotris 2 dient dem Gespann, das wir hier sehen, als Motorwagen…

…während Otomotris 1 nebst aufgesatteltem Personenwagen auf diesem Foto auf dem Werkshof in Mettingen festgehalten wurde.

Holzbänke dienen in der 3. Wagenklasse als Sitzgelegenheit.

In der 2. Klasse kommen dagegen Ledersitze zum Einbau.

Die 1. Klasse bietet schließlich bequeme Ledersessel als Sitzgelegenheiten.

Dampftriebwagen-Projekte

Dass die Dieselschnelltriebwagen der DRG als Vorbild für dieses Dampfschnelltriebwagenprojekt der ME dienten, ist unverkennbar. Leider fanden die Esslinger mit dieser Idee bei den Verantwortlichen der Reichsbahn kein Gehör, so dass sie ein Projekt blieb.

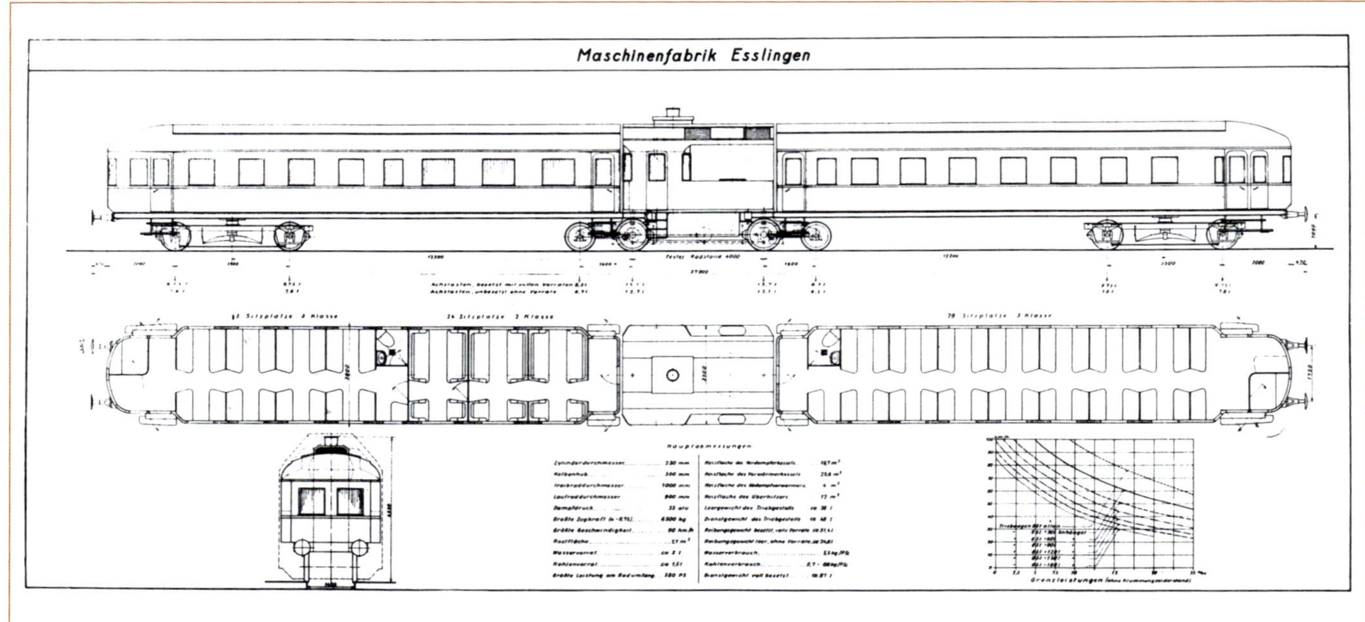

Auch das Konzept eines schnellen Dampftriebwagens mit mittig angeordnetem Antriebsmodul, das die ME zusammen mit der MAN im Rahmen eines Preisausschreibens des Rheinisch-Westfälischen Kohlensyndikats entwickelt, wird nie realisiert werden.

Benzin- und Dieseltriebwagen der Maschinenfabrik Esslingen

Die Annäherung der Maschinenfabrik Esslingen an das Thema Eisenbahnfahrzeuge mit Verbrennungsmotor erfolgt, wie wir schon in Band 3 dieser Fotoalbenreihe zu den Diesel- und Elektrolokomotiven aus Esslinger Fertigung gesehen haben, eher zögerlich. Wie bei den Lokomotiven kommt auch bei den Triebwagen der Anstoß von außen und zwar wiederum von der Daimler Motoren Gesellschaft (DMG). Diese will beweisen, dass ihre Motoren auch in Schienenfahrzeugen einsetzbar sind und ein Triebwagen mit Verbrennungsmotor eine echte Alternative zu Dampftriebwagen darstellt. Nach ersten Versuchen mit umgerüsteten Straßenbahntriebwagen, von denen einer in den 1890er-Jahren sogar eine Zeit lang auf der KWStE-Strecke Saulgau–Riedlingen im Personenverkehr erprobt wird, lässt die DMG auf eigene Kosten einen ersten richtigen Eisenbahntriebwagen bei der ME fertigen. Das recht kompakte Gefährt hat einen Radstand von nur 2,8 m und weist einen asymmetrisch gestalteten Wagenkasten mit einer Plattform und Hilfsführerstand am einen und einem vollwertigen Führerstand am anderen Ende auf. Unter diesem ist ein 14-PS-Motor der DMG eingebaut, der seine Kraft mittels Reibungskupplung und eines mechanischen Getriebes direkt auf die Antriebsachse überträgt.

Die Auslieferung des Triebwagens BW 1 erfolgt im April 1896 und die DMG übergibt ihn in der Folge an die KWStE, die ihn wiederum auf der Strecke Saulgau–Riedlingen einsetzt. Die Motorleistung erweist sich zwar gerade bei widrigen Wetterverhältnissen als etwas zu schwach, aber ansonsten funktioniert der Triebwagen ohne größere Probleme und zur Zufriedenheit aller Beteiligten. Die KWStE ordert daher einen zweiten, größeren Triebwagen bei der DMG, die den wagenbaulichen Teil erneut den Esslingern anvertraut. Der Radstand wächst bei diesem Exemplar auf 5,9 m an und ist damit doppelt so groß wie beim Erstling. Auch weist der neue Triebwagen einen symmetrischen Wagenkasten mit Führerständen an beiden Enden auf. Auch die Technik hat sich natürlich weiterentwickelt, werkelt doch unter dem Wagenboden nun ein 20-PS-Motor mit Magnet-Zündung von Bosch statt der bisher verbauten Glührohrzündung und einem verbesserten Getriebe. Allerdings ist auch beim BW 2 der Motor zunächst noch vor der Antriebsachse eingebaut.

Die Übergabe an die KWStE erfolgt im April 1899 und auch der BW 2 wird in der Folge auf der Strecke Saulgau–Riedlingen seinen Dienst versehen. Allerdings zeigt sich sehr bald, dass die Gewichtsverteilung bei der gewählten Anordnung des Motors sehr unausgewogen ist, weshalb dieser bei einem Umbau in die Wagenmitte zwischen die Achsen verlegt wird. Gleichzeitig versieht die ME den Wagenkasten noch mit einer zusätzlichen Federung, was für eine deutlich verbesserte Laufruhe sorgt. Nach diesem Umbau versieht auch der BW 2 seinen Alltagseinsatz ohne größere Probleme, doch bleibt die KWStE bei Bestellungen zurückhaltend und setzt lieber auf Dampftriebwagen. Da damit auch für die Firmenleitung der Maschinenfabrik ein weiteres Engagement im Sektor der Verbrennungstriebwagen nicht wirklich erfolgversprechend erscheint, wird diese Antriebstechnik vorerst nicht weiter verfolgt.

Dies ändert sich erst in den 1920er-Jahren, als sich die ME unter dem Dach des Gute-Hoffnungs-Hütte Konzerns (GHH) wiederfindet, zu der mit der MAN auch ein erfahrener Partner im Bau von Dieselmotoren gehört. Wie in Band 3 dieser Fotoalbenreihe ausführlich dargestellt, steigt die ME 1924 schließlich in die Fertigung von Diesellokomotiven ein und so mag es kaum verwundern, dass auch bald erste Überlegungen zum Bau von Dieseltriebwagen entstehen. Diese Überlegungen erhalten

Schon zu Beginn der 1890er-Jahre experimentiert die DMG mit Triebwagen mit Verbrennungsmotoren. Dieses meterspurige Fahrzeug ist zwischen 1888 und 1890 auf den Strecken der Neuen Stuttgarter Straßenbahn unterwegs und entstand noch ohne Beteiligung der ME.
(Daimler Classic Archive)

zudem schnell noch mehr Auftrieb, als sich abzeichnet, dass auch die DRG ein Beschaffungsprogramm für Dieseltriebwagen auflegen wird. Ein Hauptproblem, das die Techniker der ME bei einem Dieseltriebwagen sehen, ist allerdings die Unterbringung des Motors, denn je nach Einbau nimmt er Platz weg, der damit nicht zur Beförderung von Fahrgästen zur Verfügung steht. Unter Leitung von Ober-Ingenieur Max Mayer entsteht daher bei der Maschinenfabrik das Konzept einer Antriebseinheit mit einem kompakten, aber leistungsstarken Motor, der parallel zur Antriebsachse eingebaut wird und an den das Getriebe direkt angeflanscht ist.

Mit genau dieser Antriebseinheit sind dann auch 1926 die beiden zweiachsigen Probetriebwagen 805 und 806 ausgestattet, welche die ME im Auftrag DRG fertigt. Als Motor dient ein kompressorloser Reihensechszylinder – der 75 PS starke MAN-Diesel des Typs W 6 V 11/18 –, der parallel zur Antriebsachse, direkt vor dieser unter-

Oben: Erst in den 1920er-Jahren steigt die Maschinenfabrik in die Produktion von Dieseltriebwagen ein. Hierfür entwickelt Ober-Ingenieur Max Mayer ein spezielles Antriebssystem, bei dem der Motor mit direkt angeflanschtem Getriebe parallel zur Antriebsachse eingebaut wird.

Rechts: 1928 liefert die ME zwei Dieseltriebwagen mit Antriebsdrehgestellen mit dem Mayer'schen Antriebssystem nach Russland. Zur Fertigstellung der Drehgestelle posiert Ober-Ingenieur Max Mayer (links) zusammen mit drei Kollegen für ein Erinnerungsfoto.

Unten: Als Dritten von links erkennen wir Max Mayer auch auf dieser Aufnahme, auf der die beiden Russland-Triebwagen vor der Ablieferung zu sehen sind.

flur eingebaut ist. Die Kraftübertragung erfolgt durch ein direkt angeflanschtes Stirnradgetriebe, das die ME selbst entwickelt hat. Vom Erfolg des Konzeptes überzeugt, lässt die ME bereits Werbebroschüren drucken, doch zeigt sich sehr bald, dass die beiden Triebwagen weder von der Motorenanordnung her noch von der Leistung wirklich überzeugen können, so dass die DRG von weiteren Bestellungen absieht und stattdessen auf Konstruktionen mit Unterflurmotoren zwischen den Achsen oder Antriebsdrehgestellen mit stehenden Motoren setzt.

Die Mannschaft um Max Mayer lässt sich von dem Misserfolg mit den beiden Triebwagen aber nicht entmutigen und entwickelt das Antriebskonzept konsequent weiter, wobei man nun auch auf einen stehenden, über der Achse angeordneten Motor setzt. In dieser Konfiguration erweist sich der Antrieb als deutlich zuverlässiger, wie eine Hafenbahnlokomotive, die 1927 nach São Paulo in Brasilien abgeliefert wird, eindrucksvoll unter Beweis stellt. Der Maschinenfabrik gelingt es daher im selben Jahr, mit der Sociedad Española de Construcción Naval (NAVAL) in Madrid ein Lizenzabkommen abzuschließen, das die Fertigung zahlreicher Triebwagen für Breit- und Schmalspurbahnen in ganz Spanien im Auftrag des Ministerio de Obras Públicas vorsieht. Zumindest zwei Triebwagen aus diesem Lizenzabkommen sind denn auch sicher gebaut worden, denn 1928 liefert die ME der NAVAL zwei meterspurige Motordrehgestelle mit Vierzylinder-MAN-Motoren des Typs W 4 V 16,5/22 mit einer Leistung von 100 PS, bei denen wegen der kleinen Raddurchmesser Getriebe und Blindwelle hochgelegt und die Kuppelstangen schrägstehend angeordnet sind. Die NAVAL fertigt dann in der Folge mit diesen Drehgestellen nach Plänen der ME die beiden ersten dieselmechanischen Triebwagen Spaniens, die an die Ferrocarril de Minas de Aznalcollar al Rio Guadalquivir gehen.

Ein fast baugleiches, aber normalspuriges Motordrehgestell erhalten 1929 die Officine Metallurgiche e Meccaniche di Tortona, die es in einen Triebwagen für die Lokalbahn Tortona–Sale einbauen. Komplett aus ME-Fertigung sind dagegen zwei Breitspurtriebwagen für Russland, die ein Jahr zuvor in Esslingen entstehen. In ihren Motordrehgestellen, bei denen das Getriebe nicht hochgelegt werden muss und damit auch die Kuppelstange, die über eine Blindwelle die beiden Achsen antreibt, gerade ausgeführt ist, sorgt ein MAN-Sechszylinder des Typs W 6 V 16/22 für den Antrieb. Allerdings ist dieser mit einer Leistung von gerade mal 150 PS für die doch recht gewaltigen Triebwagen etwas schwächlich dimensioniert, zumal beide Triebwagen jeweils nur über ein Motordrehgestell verfügen, während das andere ein reines Laufdrehgestell ist. Da keine weiteren Bestellungen von Antriebseinheiten oder kompletten Triebwagen mit dem Mayer'schen Antriebssystem überliefert sind, dürfte sich die Zufriedenheit der belieferten Kunden wohl in Grenzen gehalten haben. Und so bleiben denn auch die zahlreichen Entwürfe für weitere Triebwagen mit Quermotoren Konzepte, die nur auf dem Papier existieren.

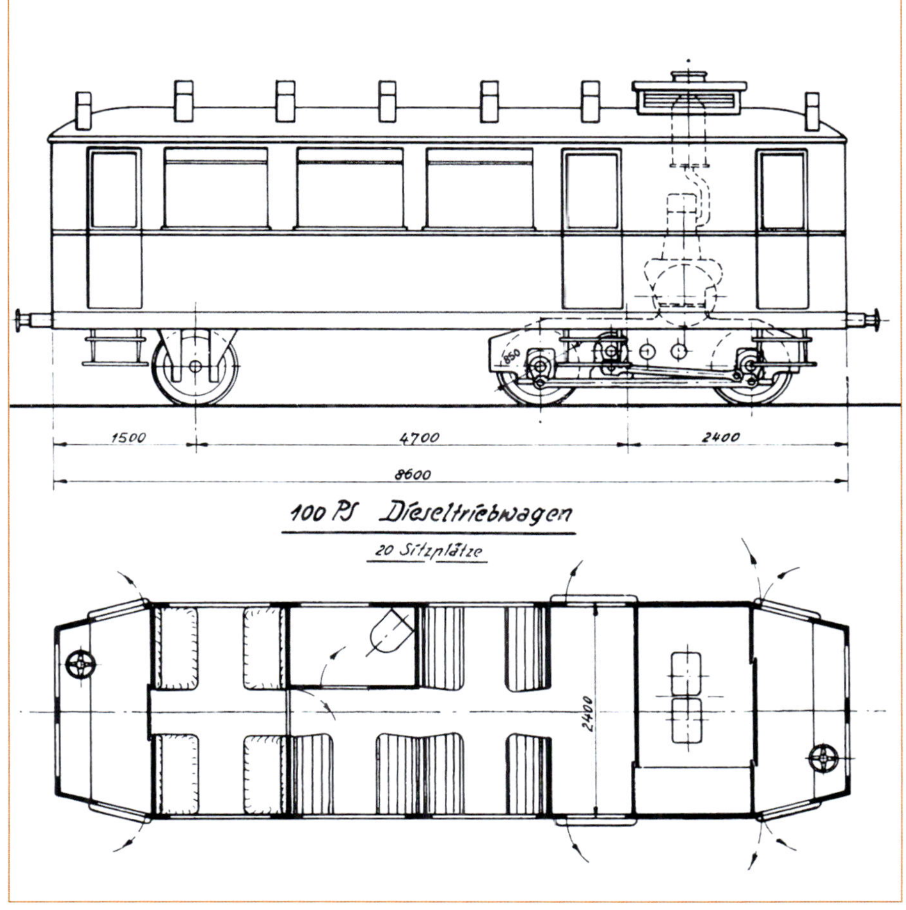

Oben: Die ME ist von den Triebwagen mit dem von Mayer entwickelten Antriebssystem so überzeugt, dass sie diese in einem eigenen Prospekt bewirbt.

Rechts und die folgenden zwei Seiten: In dem Prospekt sind auch verschiedene mögliche Triebwagenkonstruktionen mit dem Mayer'schen Antriebssystem zu sehen. Realisiert wird keiner von ihnen werden.

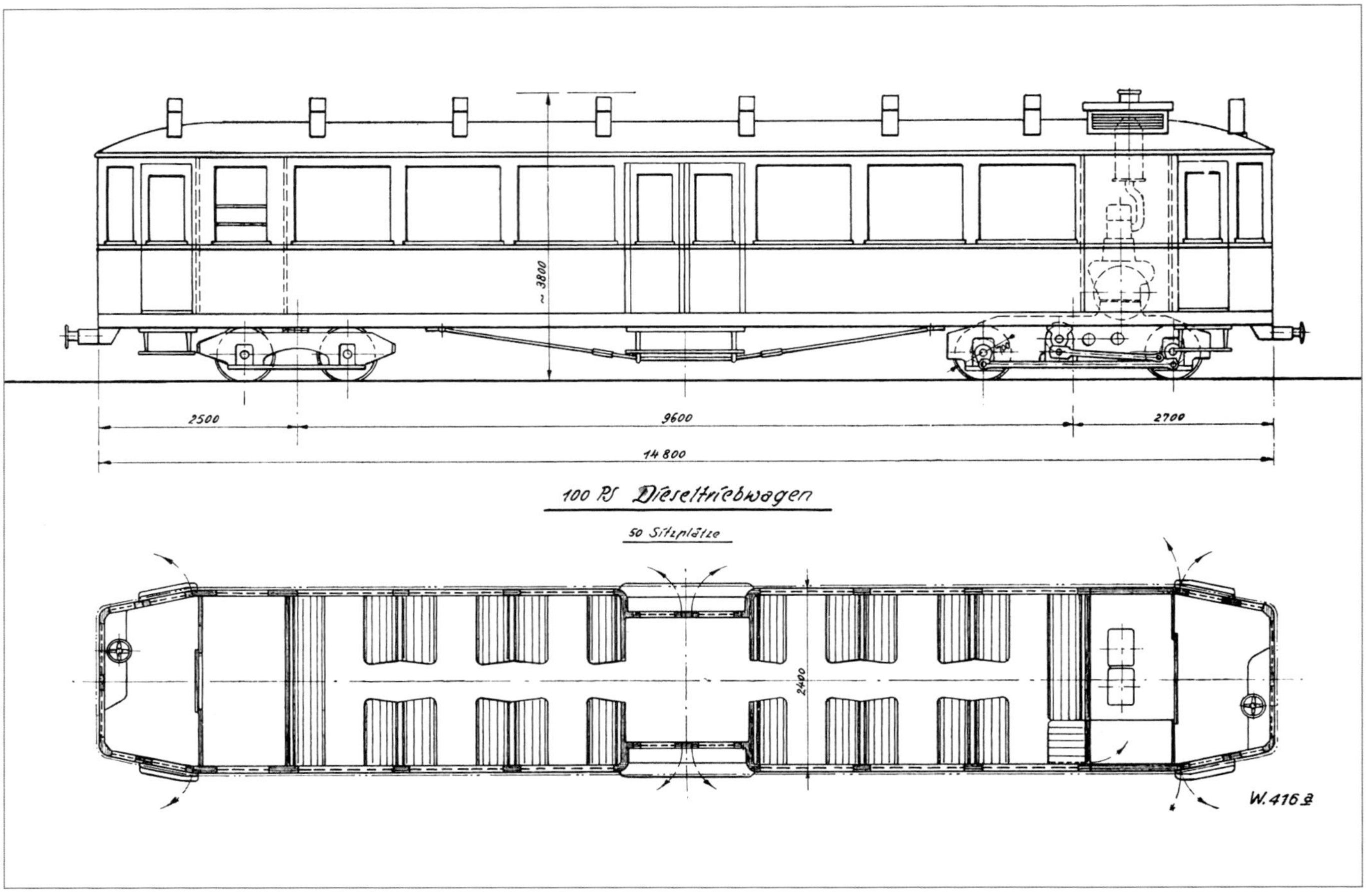
~ 3800
2500
9600
2700
14 800
100 PS Dieseltriebwagen
50 Sitzplätze
2400
W. 416a

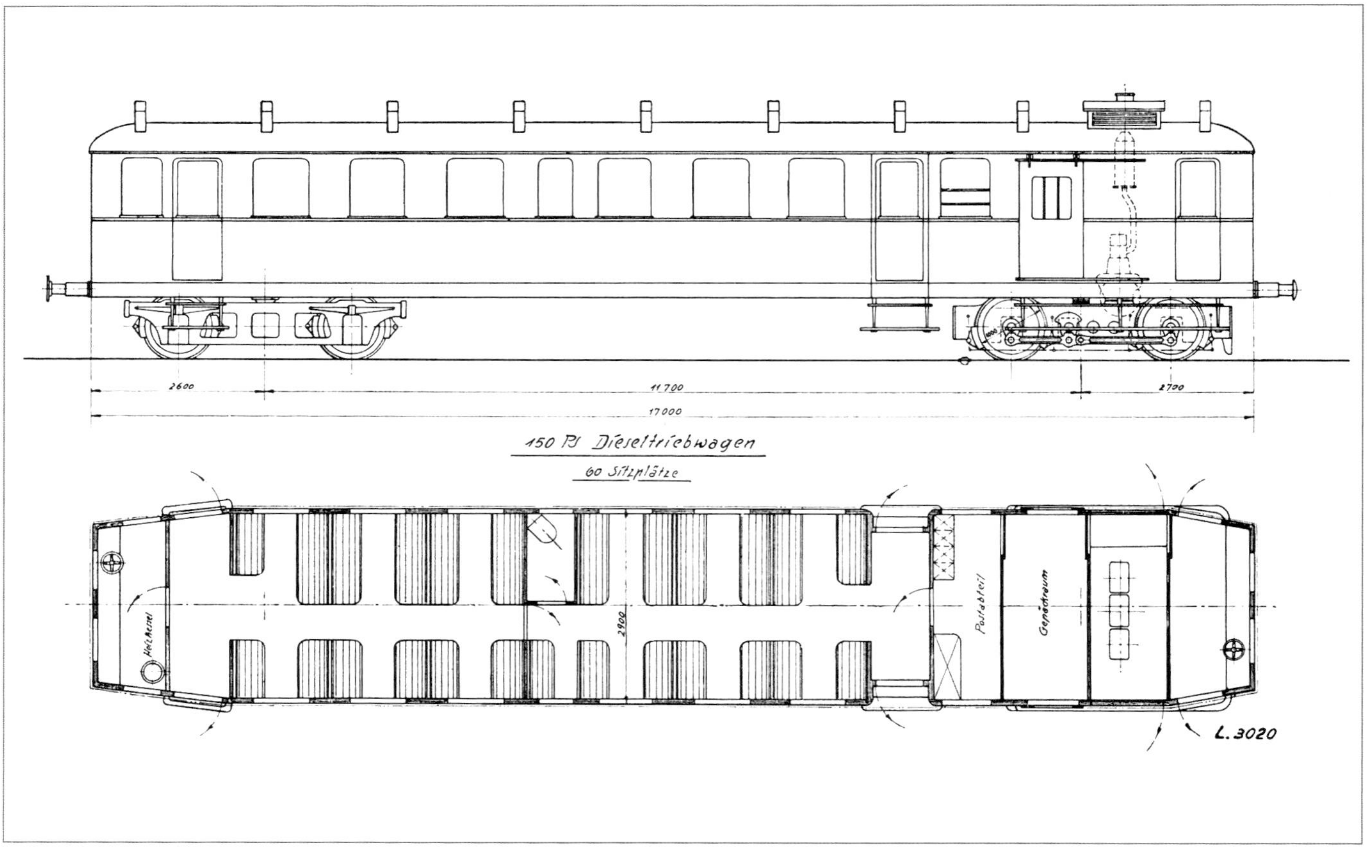
2600
11 700
2700
17000
150 PS Dieseltriebwagen
60 Sitzplätze
Heizkessel
2900
Postabteil
Gepäckraum
L. 3020

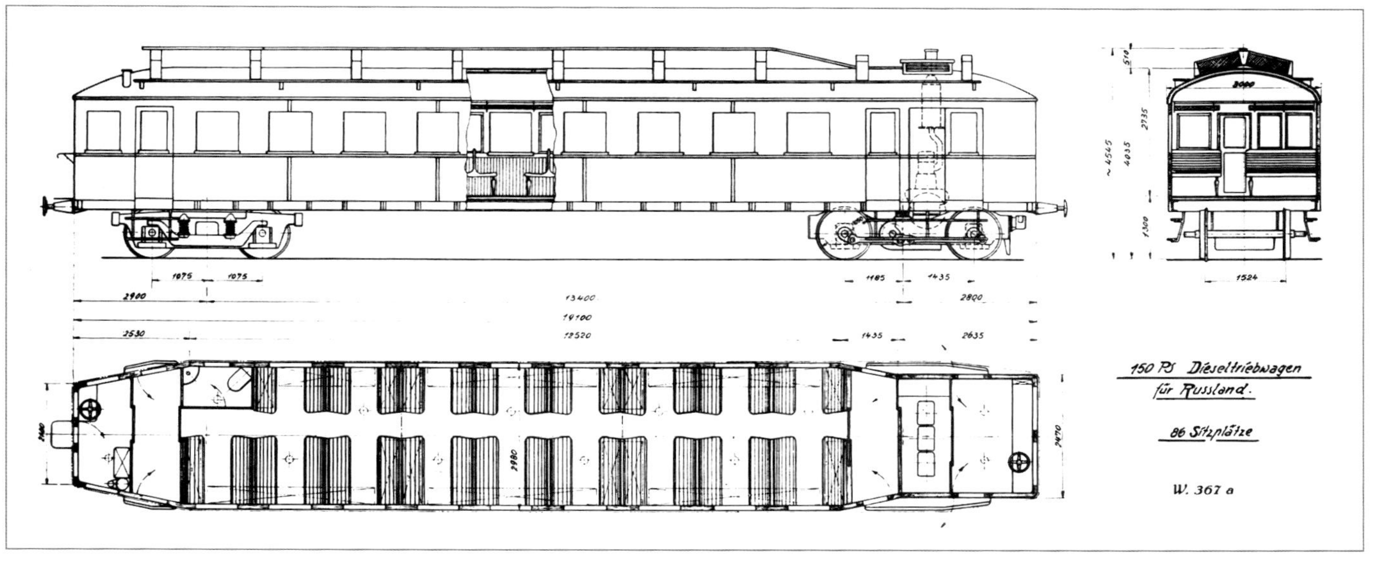
150 PS Dieseltriebwagen
für Russland.
86 Sitzplätze
W. 367 a

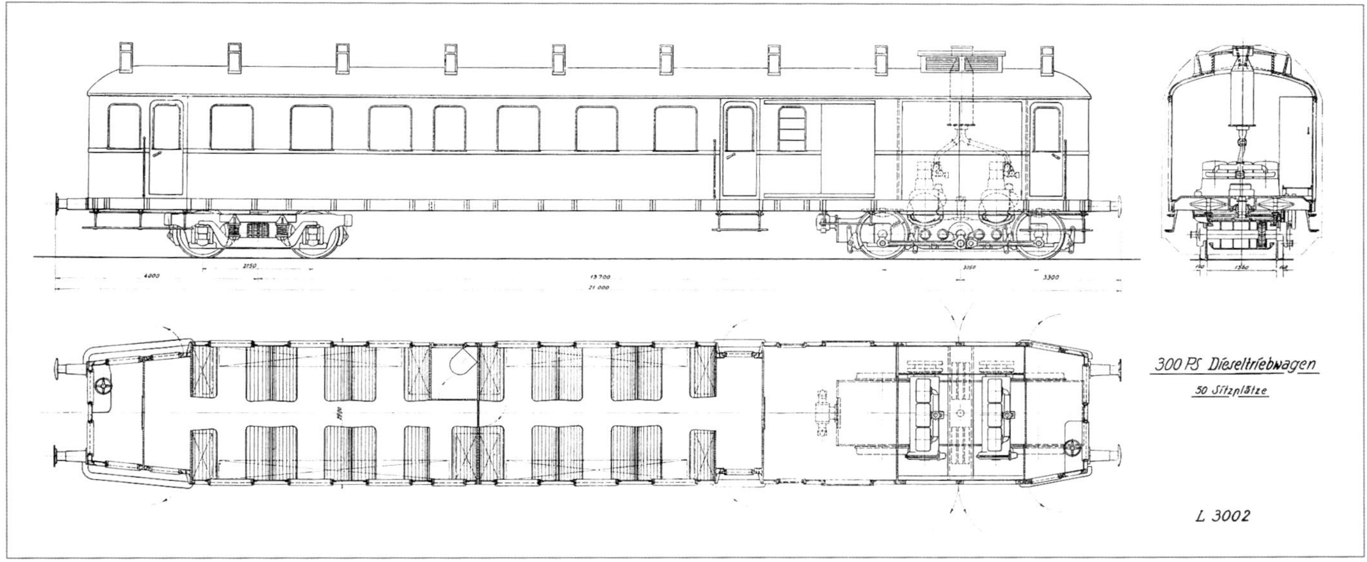
300 PS Dieseltriebwagen
50 Sitzplätze
L 3002

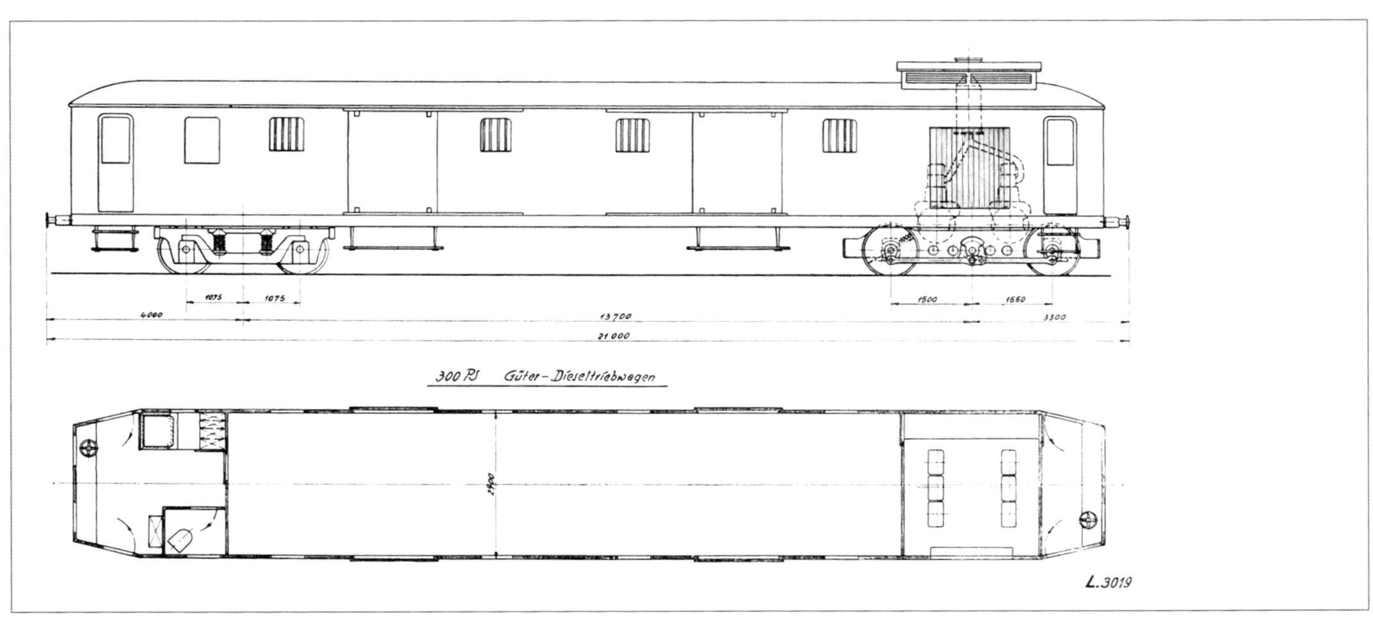
300 PS Güter-Dieseltriebwagen
L.3019

1933 erhält die ME wieder neue Aufträge zum Bau von Triebwagen mit Verbrennungsmotor. Es handelt sich um Turmwagen für die Reichsbahn, wobei das erste Exemplar noch recht behelfsmäßig aussieht.

Als die Maschinenfabrik 1933 wieder neue Aufträge zum Bau von Triebwagen mit Verbrennungsmotor erhält, weisen diese jedenfalls die bei Zweiachsern damals gängige Motorenanordnung mit einem längs zwischen den Achsen eingebauten Unterflurmotor auf. Der erste Triebwagen, bei dem die ME diese Antriebskonfiguration verwendet, ist der benzinelektrische Turmwagen 727 101 von 1934, der mit seinem Aufbau aus einem bretterverkleideten Stahlgerippe allerdings noch recht behelfsmäßig wirkt. Bis 1940 werden ihm aber noch zahlreiche weitere Turmwagen – erst mit benzinelektrischem, dann mit dieselhydraulischem Antrieb – für die DRG folgen, bei denen die Esslinger dann ihr Können im Wagenbau eindrucksvoll unter Beweis stellen, stehen doch die komplett geschweißten Leichtstahlaufbauten dieser Dienstfahrzeuge in Nichts denen zeitgenössischer Triebwagen für den Personenverkehr nach. Hier übernehmen die Esslinger 1933 die Produktion von acht der 16 Beiwagen der Gattung Cv-32a (VB 140 032 ff.) als Subunternehmer der MAN, die den Auftrag eigentlich erhalten und die Beiwagen mit Aufbauten im Stile der Leichtbautriebwagen jener Jahre auch entwickelt hatte. Ebenfalls eine MAN-Entwicklung sind die Einheits-Nebenbahntriebwagen der Gattung CPwvT-34 (VT 135 061 ff.), welche ein Sechszylinder des Typs W 6 V 15/18c antreibt und die ein Mylius Viergang- und Radsatzgetriebe besitzen. An der Fertigung der insgesamt 64 Exemplare ist neben der MAN, Rathgeber und der Waggonfabrik Bautzen auch die ME beteiligt, die ihre VT 135 im Jahr 1936 an DRG abliefert.

Mit Ausbruch des Zweiten Weltkrieges kommt die Fertigung von Dieseltriebwagen bei der ME nahezu komplett zum Erliegen, da nun andere Produkte kriegswichtig sind. Doch trotzdem gelingt den Esslingern 1940 mit dem 20 000sten Wagen aus ME-Fertigung noch ein Paukenschlag. Das Fahrzeug mit der symbolträchtigen Fabriknummer ist ein vierachsiger Dieseltriebwagen, den die Ingenieure komplett neu entwickelt haben. Der modern gestaltete Aufbau ist in Stahlleichtbauweise nach Spantenbauart gehalten und weist einen für damalige Zeiten niedrigen Schwerpunkt auf. Unter dem Wagenboden sind zwei extrem flache Achtzylinder-Boxermotoren der DWK untergebracht, die es zusammen auf

Erst bei Folgeaufträgen kann die ME ihr Können im Wagenbau unter Beweis stellen, wie wir hier bei Turmwagen 767 602 sehen.

Oben: Mitten im Krieg wird der Triebwagen für die Eisenbahn AG Schaftlach-Gmund-Tegernsee fertiggestellt, der die Fabriknummer 20000 trägt.

Rechts: Das innovative Fahrzeug ist auch nach dem Krieg noch ein beliebtes Motiv für Prospektblätter der ME.

360 PS bringen. Jeder Motor treibt mittels mechanischer Kraftübertragung die jeweils innenliegende Achse der beiden Drehgestelle an. Auch diese sind eine völlige Neuentwicklung, kommt hier doch erstmals die von Roman Liechty entwickelte Achssteuerung des Typs SIG VRL zur Anwendung. Die Achsen selbst laufen in Peyinghaus-Achslagern und sind durch Achslenker mit den Einzellenkrahmen verbunden. Abnehmer des Triebwagens ist die Eisenbahn AG Schaftlach–Gmund–Tegernsee, die ihn bereits 1936 bei der ME bestellt hatte, aufgrund der neuartigen Konstruktionsweise und den kriegsbedingten Einschränkungen seit 1939 aber erst jetzt übernehmen kann.

Letztgenannte Einschränkungen und der zunehmende Materialmangel im weiteren Verlauf des Krieges verhindern denn auch die Realisierung weiterer Dieseltriebwagenprojekte, obwohl bei der ME hinter den Kulissen auf Basis des Tegernsee-Triebwagens bereits Überlegungen reifen, wie man dieses Konzept weiterentwickeln könnte. 1941 können schließlich noch einige passende zweiachsige Beiwagen zu Nebenbahntriebwagen, die die MAN für die türkische Staatsbahn TCDD produziert, fertiggestellt werden, bevor die Herstellung von Dieseltriebwagen in Esslingen kriegsbedingt komplett eingestellt werden muss. Und auch als 1945 die Waffen endlich schweigen und die Kriegsschäden im Werk in Mettingen beseitigt sind, ist an Neufahrzeuge zunächst nicht zu denken. Allerdings erhält die ME von der amerikanischen Besatzungsmacht einen prestigeträchtigen Auftrag. Der Schnelltriebwagen SVT 137 232 der Bauart Hamburg wird für die US Army zum Salon-Triebwagen umgebaut. Hierfür entkernen die Esslinger den Triebwagen komplett und bauen in den a-Teil Schlaf- und Tagesabteile der 2. Klasse, eine Küche, Speise- und Aufenthaltsraum ein, während im b-Teil Schlaf-Abteile der 2. Klasse, ein Duschbad sowie ein Schlafsalon der 1. Klasse mit eigenem Duschbad Platz finden.

Gleichzeitig entwickelt man die Pläne für einen neuen vierachsigen Triebwagen weiter, denn den Verantwortlichen der ME ist klar, dass gerade bei den vielen nichtbundeseigenen Bahnen ein gewaltiger Modernisierungsstau entstanden ist. Diesen formuliert denn auch der Dachverband dieser Bahnen in einer Denkschrift 1948, in der er auch Merkblätter für neu zu konstruierende Verbrennungstriebwagen integriert. Auf Basis dieser Merkblätter vervollkommnet die ME nun ihr Triebwagenkonzept und kann daher der Deutschen Eisenbahn Gesellschaft (DEG), die zahlreiche Eisenbahnstrecken im gesamten Bundesgebiet betreibt, ein fertiges Konzept präsentieren, als diese 1949 eine größere Bestellung von Dieseltriebwagen plant. Der

Der nächste große Wurf gelingt der Maschinenfabrik 1951 mit dem so genannten Esslinger Triebwagen, der der erfolgreichste Nebenbahn-Triebwagen Deutschlands werden wird.

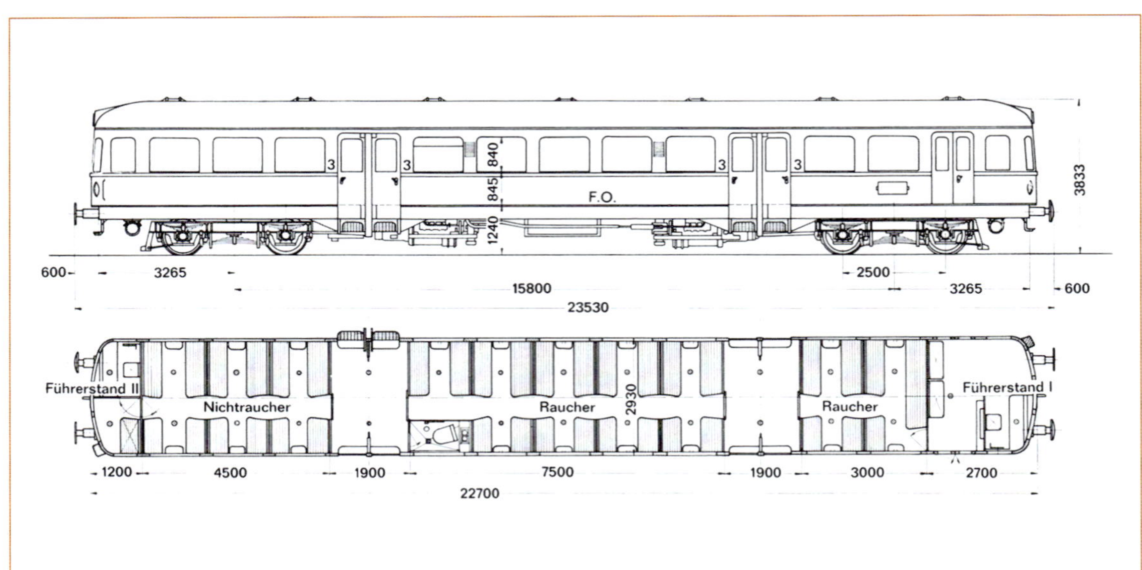

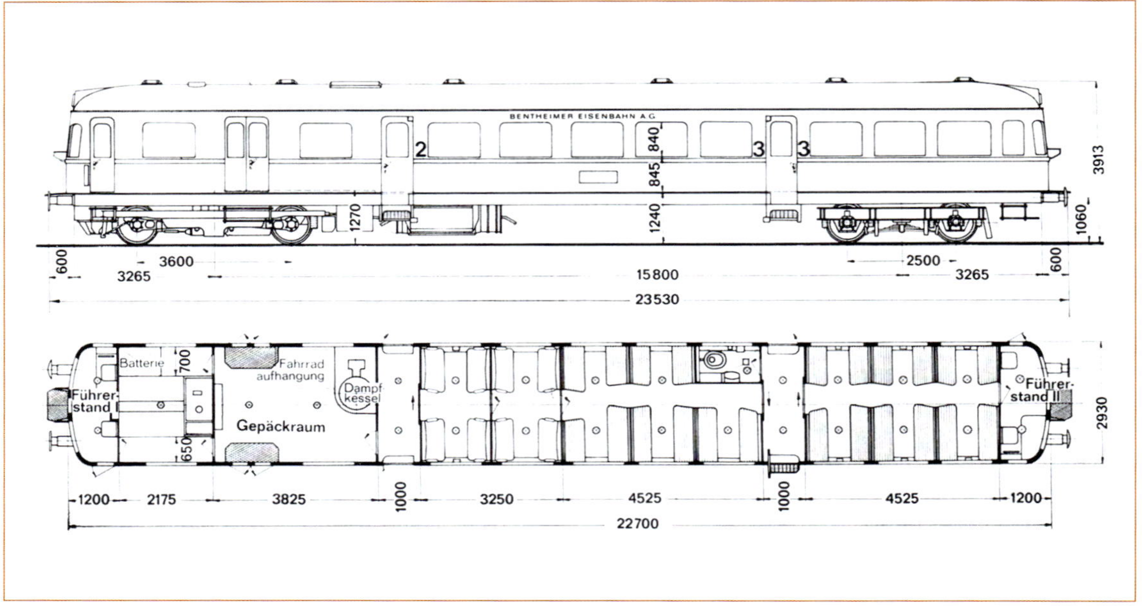

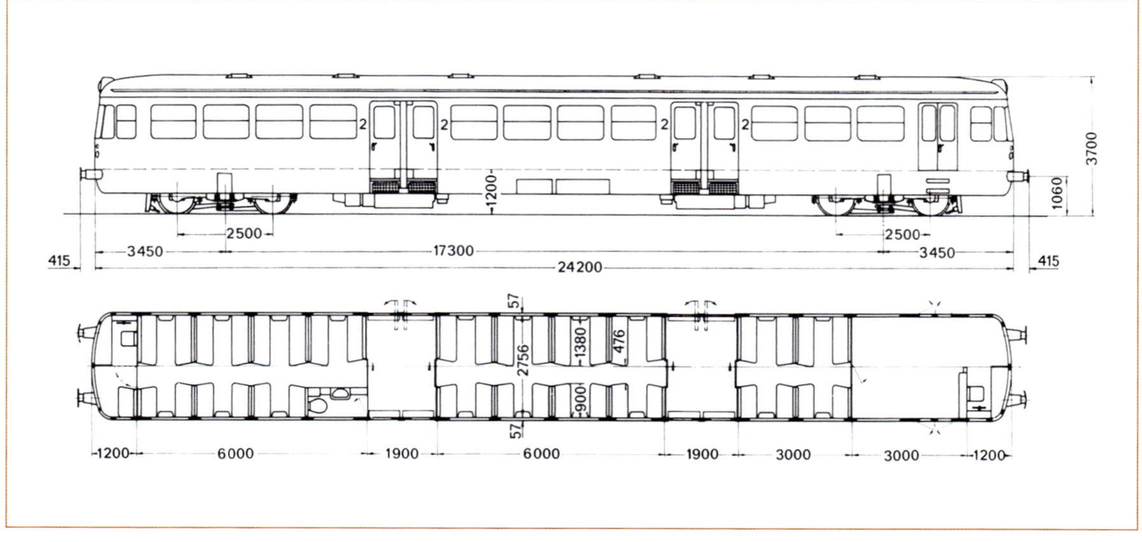

Auf diesen drei Maßzeichnungen sehen wir nacheinander einen Esslinger Triebwagen der 1. Serie mit zwei Unterflurmotoren, einen der 1. Serie mit nur einem, im Drehgestell stehend eingebauten Motor und schließlich ein Exemplar der 2. Serie.

Auch für den Esslinger Triebwagen gab es natürlich wieder ansprechend gestaltete Werbeblätter.

Esslinger Triebwagen ist ein 23,5 m langer Vierachser mit zwei Drehgestellen. Der Wagenkasten in Leichtbauweise aus geschweißten Stahlprofilen hat einen einheitlichen Grundriss, egal ob Trieb-, Bei- oder Steuerwagen geordert werden. Hierbei sind je Wagenseite zwei Doppeleinstiege für den schnellen Fahrgastfluss vorgesehen, wodurch sich der Wagenkasten symmetrisch in drei, durch große Fenster lichtdurchflutete Fahrgasträume aufteilt. Das Konzept ist aber hochvariabel, so dass die Innenraumgestaltung je nach Kundenwunsch erfolgen kann. Der Innenraum an sich ist dabei grundsätzlich immer voll nutzbar, da die Motoren beim Triebwagen standardmäßig unterflur zwischen den Drehgestellen angeordnet sind. Motoren und auch Getriebe der rein mechanischen Kraftübertragung kann der Kunde frei wählen. Auch die Drehgestelle sind eine komplette Neukonstruktion und weisen einen sehr kurzen Radstand von nur 2,5 m auf. Während ihr Drehzapfen in klassischer Bauart gehalten ist, sind die Seitenstützen als Pendelstützen ausgeführt und sorgen damit für ein ausgeglichenes Laufverhalten.

1951 liefert die Maschinenfabrik Esslingen das erste Exemplar ihres Esslinger Triebwagens an die Farge-Vegesacker-Eisenbahn aus. Der Triebwagen erweist sich dabei schnell als überaus gelungene Konstruktion, so dass bald weitere Bestellungen eingehen, wobei die Kunden die Variabilität des Konzeptes nutzen. Je nach Einsatzort kommen, wie dies ja von vorneherein vorgesehen war, die verschiedensten Motoren und Getriebe zum Einbau, sind mal alle oder nur eine Achse pro Drehgestell angetrieben, entstehen Bei- und Steuerwagen und auch Sonderkonstruktionen sind möglich. Unter anderem erhält so die Bentheimer Eisenbahn einen Esslinger Triebwagen mit einem Motordrehgestell mit 3,6 m Radstand, in das der Motor stehend eingebaut ist. Um ihr Erfolgsprodukt auch weiter auf der Höhe der Zeit zu halten, überarbeiten die Ingenieure den Triebwagen 1955 optisch. Ab sofort weist er nur noch zwei statt wie bisher drei Frontfenster auf. Gleichzeitig macht man sich aber auch an eine grundlegendere Erneuerung des Entwurfes, die 1958 schließlich in der Vorstellung der Esslinger Triebwagen der zweiten Generation mündet. Die Gesamtlänge ist nun auf 25 m angewachsen und der Aufbau präsentiert sich komplett modernisiert mit einer Schürze ringsum. An den Fronten sorgen zusätzliche Eckfenster für eine verbesserte Streckensicht. Und auch überarbeitete wiegenlose Drehgestelle in verbesserter Leichtkonstruktion kommen ab sofort zum Einbau. In dieser Form hält sich der Esslinger noch bis 1961 im Programm, bis die Fertigung nach 50 Exemplaren eingestellt wird. Er ist damit die erfolgreichste Nachkriegs-Konstruktion eines Nebenbahn-Triebwagens in Deutschland, der aber aufgrund der weiteren Entwicklung bei der ME ohne Nachfolger bleiben wird.

Auch wenn der Esslinger Triebwagen natürlich den Hauptteil der Fertigung von Dieseltriebwagen in den 1950er- und 1960er-Jahren in Mettingen ausmacht, ist er nicht der einzige Dieseltriebwagen, der in jenen Jahren aus den Werkshallen rollt. Vor allem im Export kann die ME zu dieser Zeit zahlreiche Erfolge verzeichnen. Den Beginn bilden hierbei die Triebköpfe für die MT 5300-Triebzüge für die türkische Staatsbahn TCDD, die zwischen 1951 und 1952 entstehen. Es handelt sich hierbei um ein Projekt der MAN, das einen Folgeauftrag der vor dem Krieg in die Türkei gelieferten MT 5200-Triebzüge darstellt. Der

Diese Bilderfolge gibt einen kleinen Einblick in die Fertigung der Esslinger Triebwagen. Hier werden Blechteile für den Wagenkasten zurechtgeschnitten.

Diese werden dann auf das Wagenkastengerippe geschweißt und nachbearbeitet, …

Oben links: …danach wird dieses mit dem Bodenrahmen vereint.

Oben rechts: Bevor das Dach aufgesetzt werden kann, muss dessen Gerippe verblecht…

Mitte links: …und am Wagenkasten überprüft werden, ob die schon montierten Seitenwände im Lot sind.

Mitte rechts: Nach Aufsetzen des Daches ist der Wagenkasten – hier ein Exemplar eines Triebwagens der überarbeiteten 1. Serie – im Rohbau fertig.

Unten: Tischler übernehmen den Innenausbau der Fahrgasträume,…

…sodann werden die Sitzbänke eingebaut.

Nachdem auch noch die Motoren montiert sind, kann der Triebwagen im nächsten Schritt auf seine Drehgestelle gesetzt werden.

Oben: Hat der Triebwagen seine Lackierung erhalten und sind die letzten Feinarbeiten vollbracht,…

Rechts oben: …steht der Übergabe an die stolzen Besitzer nichts mehr im Wege. Die Freude über das gelungene Werk ist auch den beteiligten Mitarbeitern anzusehen, darunter, zweiter von rechts, Anton Raschl, der seine Laufbahn später als Chefkonstrukteur der MAN in Nürnberg beschließen wird.

Rechts unten: Neben der Produktion neuer Triebwagen übernimmt die ME natürlich auch die Reparatur verunfallter Exemplare. Hier hat es VT 60 der Teutoburger Wald-Eisenbahn erwischt.

1952 findet die VDI-Jahrestagung bei der ME statt. Als Ausstellungsstück dient neben drei C-Kupplern der Type Göteborg für Schweden auch der neue MT 5300 für die türkische Staatsbahn TCDD.

1956 liefert die ME eine Serie von Dieseltriebzügen nach Israel,…

…welche nicht verleugnen können, dass sie konzeptionell auf dem VT 08 der DB basieren.
(Daimler Classic Archive)

MT 5300 ist ein dreiteiliger Triebzug mit einem Motorwagen an jedem Ende und einem Mittelwagen. Die Motorwagen besitzen jeweils ein Motordrehgestell, das vom Grundkonzept her dem des VT 08 für die DB ähnelt, in das ein MAN-Zwölfzylinder des Typs L 12 V 17,5/21B mit 550 PS eingebaut ist. Insgesamt bestellt die TCDD 16 dieser in Mehrfachtraktion einsetzbaren Triebzüge bei der MAN. Während die Mittelwagen alle bei der Westwaggon entstehen, teilen sich die Fertigung der Motorwagen die MAN, DÜWAG und die ME, welche insgesamt acht der 32 Triebköpfe komplett produziert und auch die Fertigung der Triebdrehgestelle aller anderen Triebköpfe übernimmt. In der Türkei kommen die Triebzüge der Baureihe MT 5300 nach ihrer Ablieferung als Bosporus Express von Ankara aus zum Einsatz und bedeuten einen Quantensprung für den Bahnverkehr in der Türkei. Sie sind nicht nur wesentlich schneller als die bisherigen dampfbespannten Wagenzüge, sondern bieten mit ihrer hochwertigen Innenausstattung, der Bar, einer Küche und Klimatisierung einen Komfort, den man in der Türkei auf Langstreckenfahrten bisher nicht kannte.

Im krassen Gegensatz dazu steht der Dieseltriebwagen, den die ME dann 1954 abliefert. Es handelt sich hier um den VT 1 für die Köln Bonner Eisenbahn (KBE). Der kompakte kleine Zweiachser mit Deutz-Unterflurdiesel ist ein Turmwagen zur Fahrleitungsuntersuchung mit recht eigentümlicher Optik, der fortan auf dem gesamten Netz der KBE zum Einsatz kommen wird. Er wird beim Brand einer Wagenhalle in Wesseling im Jahr 1975 gemeinsam mit den dort hinterstellten historischen Kölner Fahrzeugen zerstört werden.

Während der Turmwagen für die KBE entsteht, laufen in Esslingen und Salzgitter parallel die Planungen für einen ganz speziellen Auftrag. Die Israel Mission in Köln hatte nämlich Anfang der 1950er-Jahre eine Serie von Dieseltriebzügen mit hydraulischer Kraftübertragung für die Israelische Staatsbahn geordert, welche im Rahmen von Reparationsleistungen ab 1956 dann in den Nahen Osten geliefert werden. Die Konstruktion, die die ME zusammen mit LHB entwickelt, sieht einen dreiteiligen Triebzug vor, bestehend aus einem Motor-, einem Mittel- und einem Steuerwagen, wobei man sich optisch und konzeptionell sehr eng an den VT 08 der DB anlehnt. So treibt auch das Motordrehgesellt der Israel-Triebwagen ein 1000 PS starker Zwölfzylinder von Maybach an. Nach Testfahrten in Deutschland, die alle problemlos verlaufen, geht eine Vorabeinheit nach Israel, wo sich aber bald Schwierigkeiten zeigen, da weder der Motor noch das Getriebe dem staubigen Wüstenklima gewachsen sind und auch das Personal der Israelischen Staatsbahn mit der neuen Technik überfordert ist. Trotzdem erfolgt auch noch die Auslieferung der übrigen elf Triebzüge, die die ME zusammen mit LHB fertigt. Im Alltagseinsatz weisen diese aber, wie sich schon abgezeichnet hatte, bald so hohe Wartungskosten auf, dass die Israelische Staatsbahn Anfang der 1960er-Jahre die Motoren schließlich ausbauen lässt und die motorlosen Einheiten mit robusteren Diesellokomotiven bespannt. So sind die Israel-Triebwagen noch bis 1980 im Einsatz.

Deutlich erfolgreicher sind dagegen die schmalspurigen Triebwagen, die die ME zeitgleich nach Spanien abliefert. Anfang der 1950er-Jahre reifen nämlich auch dort Überlegungen, die zahlreichen, schmalspurigen Nebenbahnen des Landes zu erneuern, wofür Triebwagen am geeignetsten Erscheinen. Das Ministerio de Obras Públicas schreibt daher einen Großauftrag für neue Triebwagen für verschiedene unter dem Dach der Eisenbahngesellschaft Ferrocarriles de Vía Estrecha (FEVE) zusammengefasste Schmalspurbahnen aus, den die zum GHH-Konzern gehörende Ferrostaal mit einem Entwurf der ME gewinnt. Diese erhält daher den Auftrag über den Bau von sechs Triebwagen und drei passenden Beiwagen, während weitere Exemplare auf Basis der ME-Pläne beim Hersteller Euskalduna in Bilbao entstehen sollen. Analog zum normalspurigen Esslinger Triebwagen setzt die Maschinenfabrik auch hier auf einen einheitlichen Wagenkasten sowohl für den Trieb- als auch den Beiwagen, der als selbsttragende Leichtstahlkonstruktion gehalten ist. Auch die Drehgestelle sind sowohl als Trieb- als auch als Laufdrehgestell in der Grundkonzeption identisch ausgeführt, wiegenlos mit mittlerem Gummidrehzapfen und seitlichen Doppel-Elliptik-Pendelfedern. Die Triebwagen sind mit zwei Unterflurdieselmotoren von Büssing des Typs U 13 mit je 150 PS ausgestattet, an die ZF Hydro-Media-Getriebe direkt angeflanscht sind. Die Achsen besitzen Achsgetriebe von Renk und sind alle angetrieben. Das erste Exemplar der nun als Serie FEVE 2000 bezeichneten Triebwagen kommt 1955 in Spanien an und wird auf der meterspurigen Strecke Ferro–Gijón der Ferrocarril de Santander zum Einsatz kommen. 1956 folgen fünf weitere Triebwagen für die Ferrocarriles de Mallorca, die allerdings eine Spurweite von nur 914 mm aufweisen, sowie noch drei meterspurige Beiwagen für die Ferrocarriles Catalanes.

Als Folgeauftrag kann die Ferrostaal mit der Peloponnes Bahn (Siderodromi Pireos Athinon Peloponisou) die Lieferung von sieben dreiteiligen Meterspur-Gliederzügen vereinbaren, die ab 1958 ausgeliefert werden. Sie bestehen aus zwei Motorwagen an den Enden und einem Mittelwagen. Diese sind über Jakobs-Drehgestelle zu festen Zugeinheiten verbunden. In jedem Motorwagen arbeitet ein Daimler-Benz MB 836 Bb-Motor mit 500 PS, der schräg in das Antriebsdrehgestell eingebaut ist und den Maschinenraum hinter dem Führerstand ausfüllt. Die Kraftübertragung erfolgt hydraulisch über ein Voith-Getriebe. Die Drehgestelle haben geschweißte Rahmen aus Profilstahl mit in Silentbloc-Buchsen gelagerten Achslenkern der Radsätze. Das Wagengewicht ruht auf seitlichen Tragfederpendelstützen, welche hydraulisch gedämpft sind. Der Innenraum der windschnittig gestalteten Wagenkästen teilt sich in Großraumabteile der 1. und 2. Klasse auf, die beide mit Dreh-Liegesitzen ausgestattet sind. Der Mittelwagen weist zusätzlich noch eine kleine Bar auf. Zusammen mit diesen Gliederzügen liefert die ME auch noch passende vierachsige Beiwa-

Einen der fünf Schmalspurtriebwagen, den die Esslinger 1956 für die Ferrocarriles de Mallorca fertigen, sehen wir hier.

An die Peloponnes Bahn gehen 1958 sieben Gliederzüge. Den Moment, als einer der Triebköpfe auf sein Motordrehgestell gesetzt wird, hat der Fotograf hier festgehalten.

der Bau der Beiwagen bei der MAN in Nürnberg erfolgt. Trieb- und Beiwagen weisen dabei wieder wie gehabt Wagenkästen mit identischen Grundrissen auf, nur Trieb- und Laufdrehgestelle sind diesmal zwei grundverschiedene Konstruktionen. Während letztere Drehgestelle der Bauart München-Kassel von Wegmann in geschweißter Leichtbaukonstruktion sind, sind die Triebdrehgestelle eine ME-eigene Entwicklung, bei welcher der mittlere Drehzapfen lediglich der Drehgestellführung dient. Der Rahmen besteht aus Profilstahl, die Achslenker lagern in Silentbloc-Buchsen. Das Wagengewicht stützt sich auf hydraulisch gedämpften Tragfederpendelstützen ab, welche in einem wiegenähnlichen, höhenverstellbaren Trog gelagert sind. Der Motor wiederum – ein Maybach GTO 6A 2 mit 800 PS und hydraulischer Kraftübertragung mittels Maybach-Getriebe – ist in einem speziellen, elastisch gelagerten Tragrahmen im Drehgestell aufgehängt. Während die Triebwagen nur einen Großraum der 2. Klasse mit drehbarer 2 + 2-Bestuhlung aufweisen, besitzt der Beiwagen in der Mitte eine Bar, welche die 1. von der 2. Klasse trennt. Die Gespanne, deren Grundkonzeption frappierend Dieseltriebwagen aus italienischer Fertigung von Fiat oder OM ähnelt, kommen hauptsächlich im hochwertigen Fernverkehr auf der Strecke zwischen Athen und Thessaloniki zum Einsatz. Gegen Ende ihres Lebens gen aus, die Faltenbalgübergänge an den Stirnseiten aufweisen. Ähnlich wie der MT 5300 bei der TCDD bedeuten auch diese Triebwagen einen Quantensprung an Fahrkomfort auf der Peloponnes Bahn, auf der bisher die Dampftraktion vorherrschte. Als 1975 die griechische Staatsbahn OSE die Strecken übernimmt, gehen die Triebwagen in ihren Bestand über und versehen noch bis Ende der 1980er-Jahre ihren Dienst, bevor sie endgültig abgestellt werden.

Erfahrungen mit Esslinger Triebwagen hat die OSE aber nicht erst seit 1975. Bereits kurz nach Abwicklung des Auftrages für die Peloponnes Bahn starten nämlich bereits Verhandlungen der OSE mit der Ferrostaal über die Lieferung von zehn dreiteiligen Dieseltriebzügen, die aus jeweils zwei Trieb- und einem Beiwagen mit Stirnwandübergängen bestehen sollen. 1962 kommt es schließlich zum Vertragsabschluss und die Fertigung der Triebwagen in Mettingen kann starten, während

Auch für die PELOP-Triebwagen hat die ME wieder ansprechende Werbeblätter anfertigen lassen.

Mit einer Serie von Dieseltriebzügen für die griechische Staatsbahn endet 1962 die Fertigung von Dieseltriebwagen in Esslingen.

fristen sie ihr Dasein im Nahverkehr, bis sie dann 1997 endgültig ausgemustert werden.

Mit ihnen endet die Fertigung von Dieseltriebwagen der Maschinenfabrik Esslingen. Es gab zwar noch zahlreiche weitere Projekte für Triebwagen und Triebzüge für die DB wie zum Beispiel Nachfolger für die Tages- und Nachtgliederzüge Senator und Komet oder einen vierteiligen Triebwagen mit hydromechanischer Kraftübertragung, genauso wie für Privatbahnen im In- und Ausland. Doch keines dieser Projekte wird jemals verwirklicht werden, da die Konzernmutter GHH aufgrund der zunehmenden finanziellen Schieflage Anfang der 1960er-Jahre kein Geld mehr in Experimente mit ungewissem Ausgang ihrer schwäbischen Tochter investieren möchte. So erklärt es sich denn auch, warum der Esslinger Triebwagen trotz aller Erfolge ohne Nachfolger bleibt.

In der Hoffnung auf Folgeaufträge lässt die ME aber auch für die Griechenland-Triebwagen noch Werbeblätter drucken,…

…auf denen eine Schnittzeichnung die Anordnung von Führerstand und Motorraum verdeutlicht.

Benzintriebwagen der DMG für die KWStE

Fabriknummer	Baujahr	Betriebsnummer	Motor
W ?	1896	BW 1	DMG 14 PS-Benzinmotor
W ?	1899	BW 2	DMG 20 PS-Benzinmotor

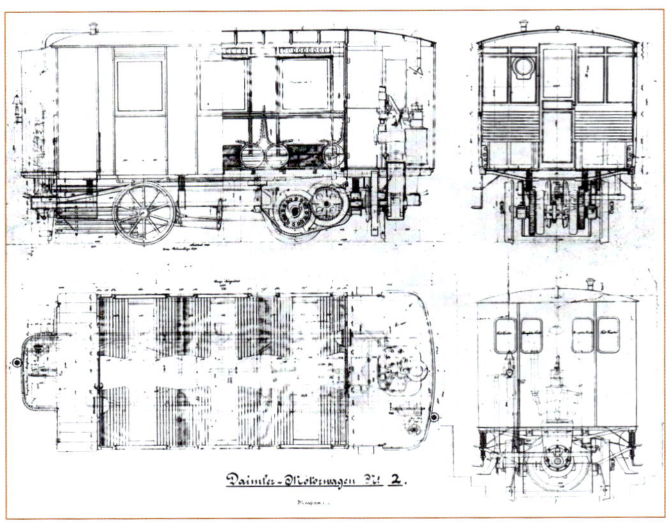

Links: 1896 lässt die DMG auf eigene Kosten einen Benzintriebwagen bei der ME fertigen, den die KWStE in der Folge auf der Strecke Saulgau–Riedlingen testet. Diese Zeichnung des BW 1 zeigt sehr deutlich den asymmetrischen Wagenkasten des eigentümlichen Gefährtes.

Mitte links: Im Auftrag der KWStE erteilt die DMG der Maschinenfabrik den Auftrag zum Bau des größeren und symmetrisch gestalteten BW 2, der 1899 fertiggestellt werden kann. (Daimler Classic Archive)

Mitte rechts: Da die Gewichtsverteilung beim BW 2 mit seinem vor der Antriebsachse platzierten Motor sehr unausgewogen ist, baut man diesen um und platziert den Motor zwischen den Achsen. Während einer Abnahmefahrt mit Vertretern der KWStE ist diese Aufnahme entstanden. (Daimler Classic Archive)

Im Rahmen des Umbaus erhält der Wagenkasten eine zusätzliche Federung aus doppelten Blattfedern, was für deutlich mehr Fahrkomfort sorgt. Zu einem späteren Zeitpunkt werden an den Wagenenden auch noch Schürzen angebracht, was dem Triebwagen eine deutlich elegantere Optik verleiht, wie wir hier sehen. (Daimler Classic Archive)

Probetriebwagen für die DRG

Fabriknummer	Baujahr	Betriebsnummer	Motor
W 17495	1926	805	MAN W 6 V 11/18 (75 PS)
W 17496	1926	806	MAN W 6 V 11/18 (75 PS)

1926 fertigt die ME zwei Probetriebwagen für die Deutsche Reichsbahn. Diese besitzen die von Ober-Ingenieur Max Mayer entwickelte Antriebseinheit, bei der der Motor parallel zur Antriebsachse eingebaut ist. Auf diesen beiden Aufnahmen sehen wir die Antriebsachse mit dem MAN-Diesel W 6 V 11/18, an den ein von der ME selbst entwickeltes Vierganggetriebe mit Öldruck-Lamellenkupplungen angeflanscht ist.

Einen der beiden fertigen, aber noch nicht lackierten Triebwagen hat der Fotograf hier festgehalten. Gut erkennbar ist der unter dem Wagenboden, vor der Antriebsachse platzierte Motor.

Der eine der beiden fertigen Triebwagen in einer weiteren Ansicht.

Die Zylinderköpfe des MAN-Motors ragen unter einer Blechabdeckung in den Führerstand hinein.

So schlicht gestaltet wie der gesamte Triebwagen präsentiert sich auch dessen Führerstand.

Motordrehgestelle für den Export

Baujahr	Kunde	Motor
1928	Sociedad Española de Construcción Naval	MAN W 4 V 16,5/22 (100 PS)
1929	Officine Metallurgiche e Meccaniche di Tortona	MAN W 4 V 16,5/22 (100 PS)

Wie der quer angeordnete Motor verrät, ist auch dieses meterspurige Antriebsdrehgestell mit dem Mayer'schen Antriebssystem versehen. Es geht 1928 im Rahmen eines Lizenzabkommens zwischen der ME und der Sociedad Española de Construcción Naval zusammen mit einem baugleichen, zweiten Drehgestell nach Spanien.

Auf dieser Detailaufnahme eines der beiden Spanien-Triebwagen ist sehr gut der kleine Motorraum hinter dem Führerstand erkennbar, der beim stehenden Einbau des Motors in das Drehgestell notwendig ist.

Die Spanier nutzen die Drehgestelle, um damit nach ME-Plänen zwei Triebwagen für die Ferrocarril de Minas de Aznalcollar al Rio Guadalquivir zu bauen, welche die ersten dieselmechanischen Triebwagen Spaniens sind.

Oben: Ein drittes Motordrehgestell liefert die ME 1929 nach Italien. Es ist normalspurig ausgeführt, aber ähnlich kompakt wie die Meterspurdrehgestelle für Spanien. Charakteristisch für diese Triebdrehgestelle ist der Winterthurer Schrägstangenantrieb, der auch bei kleinen Raddurchmessern ausreichenden Einbauraum für das Getriebe gewährleistet.

Unten: Abnehmer des Drehgestells sind die Officine Metallurgiche e Meccaniche di Tortona, welche es als Antriebseinheit für einen Triebwagen für die Lokalbahn Tortona-Sale nutzen. Diesen hat der Hersteller für einen Fototermin im Bahnhof Condove – fast 140 km von seinem eigentlichen Einsatzort entfernt – in Szene gesetzt.
(Nachlass Braitmaier – Wirtschaftsarchiv Baden-Württemberg)

Dieseltriebwagen für die SŽD

Fabriknummer	Baujahr	Betriebsnummer	Motor
W ?	1928	AB-MX-401	MAN W 6 V 16/22 (150 PS)
W ?	1928	AB-MX-402	MAN W 6 V 16/22 (150 PS)

Links oben: Im Jahr 1928 kann die Maschinenfabrik Esslingen zwei Breitspurtriebwagen für die russische Staatsbahn fertigen, welche ebenfalls über Motordrehgestelle mit dem Mayer'schen Antriebssystem verfügen. Vor dem Einbau hat der Fotograf das Getriebe hier in einer Detailaufnahme festgehalten.

Links unten: Das fertige Antriebdrehgestell sehen wir dagegen auf diesem Foto. Es besitzt einen Sechszylinder der MAN des Typs W 6 V 16/22. Aufgrund des größeren Raddurchmessers und Radstandes bei diesem Drehgestell sind Getriebe und Blindwelle hier nicht höher gelegt, so dass die Kuppelstange gerade ausgeführt werden kann.

Oben rechts: In einer Wartungsgrube kann das Getriebe von unten in das Drehgestell ein- und ausgebaut werden, ohne dabei den Motor demontieren zu müssen.

Oben: Die Russland-Triebwagen sind wuchtige Vierachser, von denen der Werksfotograf einen hier nach der Fertigstellung in Szene gesetzt hat.

Mitte links: Einzig eine dünne, hölzerne Schiebetür trennt den Motorraum vom Führerstand ab. Lärmisolierung war damals noch ein Fremdwort.

Mitte rechts: Der Führerstand selbst präsentiert sich zeittypisch karg und recht spartanisch gestaltet.

Unten: Vor dem Abtransport nach Russland auf den originalen Drehgestellen, in die Normalspurradsätze zur Überführung eingebaut sind, hat man die beiden Triebwagen hier nochmal auf dem Anschlussgleis des Werkes Mettingen verewigt.

Turmwagen für die DRG

Fabriknummer	Baujahr	Betriebsnummer	Motor
W ?	1934	727 101 Stuttgart	Maybach Typ? (165 PS)
W ?	1935	701 393 Nürnberg	Maybach Typ? (165 PS)
W ?	1935	701 394 Nürnberg	Maybach Typ? (165 PS)
W ?	1935	701 395 Augsburg	Maybach Typ? (165 PS)
W ?	1935	727 107 Stuttgart	DWK 2 x 4 V 18 V (180 PS) ?
W 18186	1937	767 601 Breslau	DWK 2 x 4 V 18 V (180 PS) ?
W 18187	1937	767 602 Breslau	DWK 2 x 4 V 18 V (180 PS) ?
W ?	1937	767 604 Breslau	DWK 2 x 4 V 18 V (180 PS) ?
W ?	1937	727 106 Stuttgart	DWK 2 x 4 V 18 V (180 PS) ?
W ?	1939	701 399 Nürnberg	DWK 2 x 4 V 18 V (180 PS) ?
W ?	1939	701 400 Nürnberg	DWK 2 x 4 V 18 V (180 PS) ?
W ?	1939	700 232 Karlsruhe	DWK 2 x 4 V 18 V (180 PS) ?

Im Zusammenhang mit der Elektrifizierung der Strecke Stuttgart–Augsburg erhält die ME 1933 von der Reichsbahn den Auftrag zum Bau eines Triebwagens mit Verbrennungsmotor. Es handelt sich dabei um den Turmwagen 727 101 für Fahrleitungsbau und -untersuchung, bei dem man auf einen benzinelektrischen Antrieb setzt. Die Antriebseinheit aus Kühler, Maybach-Achtzylinder und angeflanschtem Elektrogenerator für diesen Turmwagen sehen wir hier.

Den fertigen Turmwagen 727 101 hat der Fotograf auf diesen Aufnahmen von beiden Seiten abgelichtet. Der hölzerne Aufbau lehnt sich noch an die übliche Ausführung für Dienstgüterwagen an.

Auf das Nötigste reduziert ist auch der knapp bemessene Führerstand von 727 101.

Der Werkstattraum des Turmwagens zeigt sich aufgeräumt und voll ausgestattet.

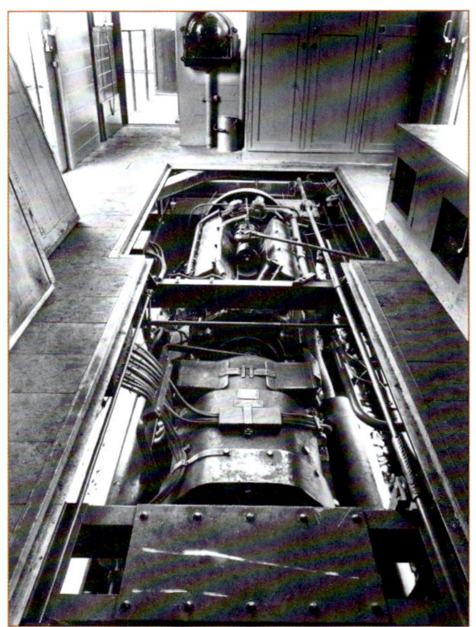

Über abnehmbare Bodenplatten im Werkstattraum ist die komplette Antriebseinheit leicht erreichbar.

Mit ausgefahrenen Arbeitsbühnen posiert 727 101 auf dieser Werbeaufnahme für den Fotografen.

Drei Turmwagen umfasst eine Serie, welche die ME 1935 für die Strecke Nürnberg–Augsburg an die Reichsbahn abliefert. 701 393 – 395 besitzen ebenfalls einen benzinelektrischen Antrieb mit dem Maybach-Motor. Beim Aufbau können die Esslinger dagegen den Fortschritt im Wagenbau demonstrieren. Die komplett geschweißte Konstruktion steht in nichts den sonstigen Triebwagen jener Jahre nach.

Hier sehen wir den Turmwagen 701 395 noch einmal mit eingeklappten Arbeitsbühnen.

Rechts: Der Führerstand im 701 395 hat sich dagegen kaum weiterentwickelt und ist immer noch recht eng und sehr spartanisch.

Unten: Diese drei Aufnahmen vermitteln einen Eindruck vom Werkstattraum des Turmwagens 701 395, der zweckmäßig eingerichtet ist. Über eine Treppe gelangt man zur Arbeitsplattform auf dem Dach.

Wiederum drei Exemplare umfasst eine Lieferung von Turmtriebwagen, die 1937 für das schlesische Netz an die Reichsbahn geht. Diese besitzen nun einen dieselhydraulischen Antrieb, dem ein DWK-Achtzylinder als Antriebsquelle dient.

Auch die Aufbauten der Turmwagen – hier 767 601 – haben sich weiterentwickelt und präsentieren sich nun in deutlich eleganterem Design mit gerundeten Aufbaukanten.

Turmwagen 767 602 aus dem Auftrag von 1937 hat der Fotograf auf freier Strecke für ein Werbefoto platziert.

Hier sehen wir 767 602 dagegen auf einem Erinnerungsfoto mit den Entwicklern und Arbeitern der ME.

Oben und Mitte: Ebenfalls 1937 liefert die ME den Turmwagen 727 106 aus, der einen minimal anders gestalteten Aufbau besitzt, aber wie die drei Vorgänger, die 1937 ausgeliefert werden, über einen dieselhydraulischen Antrieb mit DWK-Achtzylinder verfügt.

Unten links: Hier blicken wir auf den Führerstand von 727 106.

Unten rechts: Wie üblich kann die Maschinenanlage durch abnehmbare Bodenplatten im Werkstattraum leicht erreicht werden.

Oben und nächste Seite oben: Turmwagen 701 400 entsteht zusammen mit dem baugleichen 701 399 im Jahr 1939 für den Einsatz auf der neu elektrifizierten Frankenwaldstrecke. Wieder einmal hat der Aufbau einige Detailänderungen im Vergleich zu den zuvor produzierten Triebwagen erfahren. Bei der Antriebstechnik macht man dagegen keine Experimente und setzt auf den bewährten dieselhydraulischen Antrieb.

Rechts: Die abgenommenen Bodenplatten geben den Blick auf den DWK-Achtzylinder frei, der den Triebwagen antreibt.

Unten: Einen einbaufertigen DWK-Achtzylinder in seinem Tragegestell hat der Fotograf hier abgelichtet.

Mitte links: Auch bei der Gestaltung des Führerstandes von 701 400 hat sich gegenüber den Turmwagen von 1937 nichts verändert.

Mitte rechts: Ein Klapptisch und zwei Holzbänke als Pausenort für das Fahrzeugpersonal sind ebenfalls vorhanden.

Unten: Eine Regalanlage im Werkstattraum sorgt für Ordnung. Die Arbeitsplatte besitzt einen Schraubstock und die Treppe hinauf zur Arbeitsplattform auf dem Dach ist an das Ende des so besser nutzbaren Werkstattraums gerückt.

Oben und Mitte links: Turmwagen 700 232 liefert die ME ebenfalls 1939 an die DRG ab. Er ist baugleich mit dem zuvor gezeigten 701 400.

Mitte rechts: Hier blicken wir in den Führerstand von 700 232, der ebenfalls genauso aussieht wie der von 701 400.

Unten: Auch der Werkstattraum von 700 232 weist keine Unterschiede zu dem von 701 400 auf.

Beiwagen Gattung Cv-32a für die DRG

Fabriknummer	Baujahr	Betriebsnummer
W 18841	1933	140 040
W 18842	1933	140 041
W 18843	1933	140 042
W 18844	1933	140 043
W 18845	1933	140 044
W 18846	1933	140 045
W 18847	1933	140 046
W 18848	1933	140 047

Unten: Passend zu den Leichtbautriebwagen der 1930er-Jahre entwickelt die MAN die Beiwagen der Gattung Cv-32a. Von den 16 Exemplaren, die die Reichsbahn 1933 erhält, liefert die Maschinenfabrik Esslingen dabei acht Stück.

Rechts: Mit den für die 3. Wagenklasse üblichen Holzbänken versehen präsentiert sich der Innenraum des Beiwagens.

Einheits-Nebenbahntriebwagen Gattung CPwvT-34 für die DRG

Fabriknummer	Baujahr	Betriebsnummern	Motor
W ?	1936	135 088 - 094; 135 111 - 115	MAN W 6 V 15/18c (150 PS)

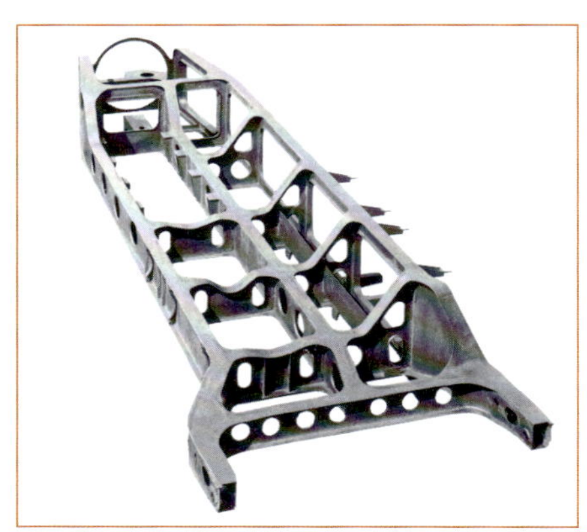

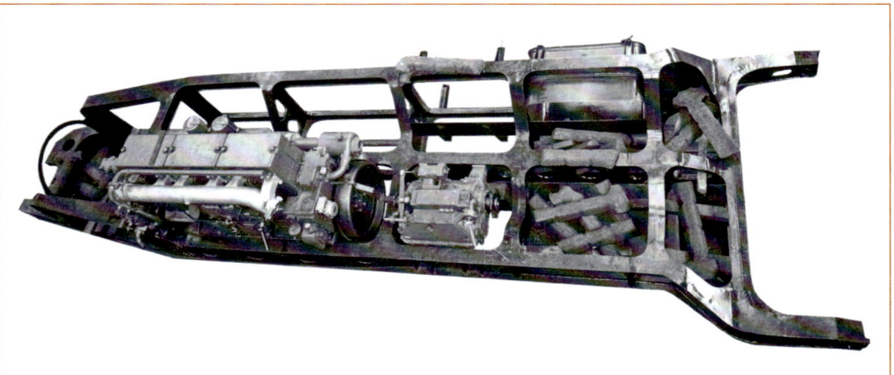

Links: Ab 1934 läuft bei der MAN die Entwicklung der Einheits-Nebenbahntriebwagen der Gattung CPwvT-34 für die DRG, an deren Fertigung die ME wieder beteiligt sein wird. Hier sehen wir den Tragrahmen für die Motoreinheit eines dieser Triebwagen. Rechts: Auf dieser Aufnahme sind der MAN-Sechszylinder des Typs W 6 V 15/18c und das Mylius-Getriebe sowie der Kühler bereits in den Tragrahmen eingebaut. Dieser ist für einen Belastungstest mit Gussteilen zusätzlich beschwert worden.

Großes Bild: Das komplette Fahrwerk aus Motor-Getriebe-Einheit und den Achsen sehen wir hingegen hier. Kleines Bild: Der Kühler ist hinter der antriebslosen zweiten Achse platziert.

Auf der Test-Stammstrecke der ME über die Geislinger Steige ist VT 135 091 in strahlendem Sonnenschein verewigt worden.

Eine zweite Aufnahme der Testfahrt von VT 135 091 entsteht im Bahnhof Esslingen.

Dieseltriebwagen für die Eisenbahn AG Schaftlach-Gmund-Tegernsee

Fabriknummer	Baujahr	Betriebsnummer	Motor
W 20000	1940	25	2 Stück DWK 2 x 4 V 18 V (180 PS)

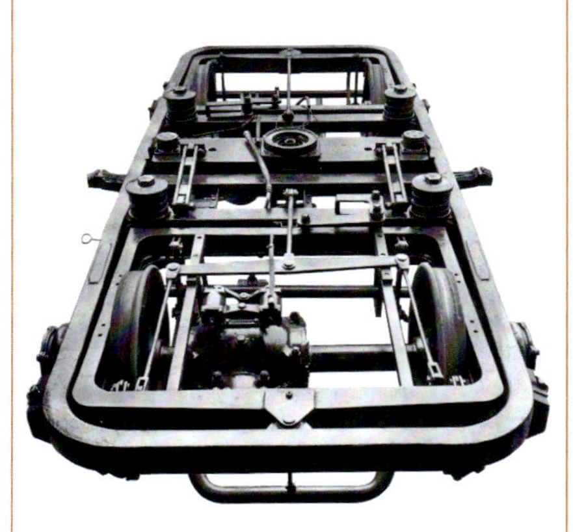

Oben links: 1936 ordert die Eisenbahn AG Schaftlach-Gmund-Tegernsee einen vierachsigen Triebwagen bei der ME. Das Fahrzeug mit der symbolträchtigen Fabriknummer 20000, dessen Wagenkasten wir hier im Rohbau sehen, wird dabei eine komplette Neuentwicklung mit einigen technischen Innovationen sein.

Oben rechts: Als Antriebsquelle des Tegernsee-Triebwagens dienen zwei sehr flache Achtzylinder-Boxermotoren der DWK, die in speziellen Tragrahmen unterflur, zwischen den Drehgestellen montiert sind.

Links und unten: Die Drehgestelle sind eine völlige Neuentwicklung der ME, die hier erstmals eine Liechty-Achssteuerung (SIG VRL) zur Anwendung bringt.

Oben: Die Fertigstellung des Triebwagens wird sich kriegsbedingt bis 1940 verzögern, doch das modern gestaltete Fahrzeug entschädigt die Besteller für die lange Wartezeit.

Unten: Feierlich geschmückt nimmt der Triebwagen, der die Betriebsnummer 25 erhält, in der Folge seinen Betrieb im Schnellverkehr zwischen Tegernsee und München auf.

In der 2. Wagenklasse weist der Triebwagen Sechserabteile auf.

Großräume mit Viersitzgruppen rechts und links eines Mittelgangs zeichnen dagegen die 3. Klasse aus.

An den Plattformen sind Gepäckablagen vorhanden…

…und Schiebetüren schließen die Fahrgasträume zu den Plattformen hin ab.

Eine Kohleheizung sorgt im Winter für angenehme Temperaturen im Innenraum. Für den Transport verderblicher Waren weist das Fahrzeug zudem einen kleinen Kühlschrank auf.

Hier blicken wir in den Führerstand des Triebwagens, in dem es recht beengt zugeht.

Die weiß-blaue Lackierung steht dem Tegernsee-Triebwagen sehr gut. Da bei seiner Ablieferung Dieselkraftstoff bereits rationalisiert war, wurde er noch im Herstellerwerk auf einen Treibgas-Betrieb umgerüstet, was auch die zusätzlichen Dachaufbauten erklärt.

Oben und unten: 1966 verkauft die Tegernsee-Bahn den Triebwagen an die SWEG weiter, die ihn als VT 105 noch einige Jahre für Gesellschaftsfahrten einsetzt. Nach mehreren erfolglosen Reparaturversuchen des zunehmend störanfälligeren Fahrzeugs erfolgt 1975 die Abstellung. Bevor der Triebwagen 1977 endgültig verschrottet wird, wurde er hier im Bahnhof Menzingen in schon sehr traurigem Zustand fotografiert. (Aufnahme Wolfgang-D. Richter)

Links: Erstaunlicherweise haben die Souvenirjäger noch nicht zugeschlagen, so dass das Fabrikschild in dem abgestellten Triebwagen noch vorhanden war. (Aufnahme Wolfgang-D. Richter)

Beiwagen für die TCDD

Fabriknummern	Baujahr	Betriebsnummern	Anmerkungen
W ?	1941	MR 5062 ff.	genaue Stückzahl und Betriebsnummern der gefertigten Beiwagen unbekannt

Rechts: 1941 liefert die MAN eine Serie von Nebenbahntriebwagen an die türkische Staatsbahn TCDD. Die ME steuert für diesen Auftrag eine Reihe von zweiachsigen Beiwagen bei, deren einfach gehaltene Aufbauten auf gestalterische Elemente weitgehend verzichten.

Unten links: Der Großraum der 2. Wagenklasse ist mit ledergepolsterten Bänken ausgestattet.

Unten rechts: In der 3. Wagenklasse ist der Großraum dagegen mit den zeittypischen Holzbänken versehen.

Umbau des SVT 137 232 zum Salontriebwagen

Links: Im Auftrag der US Army übernimmt die ME Ende 1946 den Umbau des Schnelltriebwagens SVT 137 232 zum Salontriebwagen. Den fertiggestellten Triebwagen lichtet der Werksfotograf vor der Ablieferung in Mettingen ab.

Unten links: In das wohnlich eingerichtete Tagesabteil 2. Klasse blicken wir hier.

Unten rechts: Hier sehen wir dagegen den Duschraum des Schlaf-Salonabteils 1. Klasse.

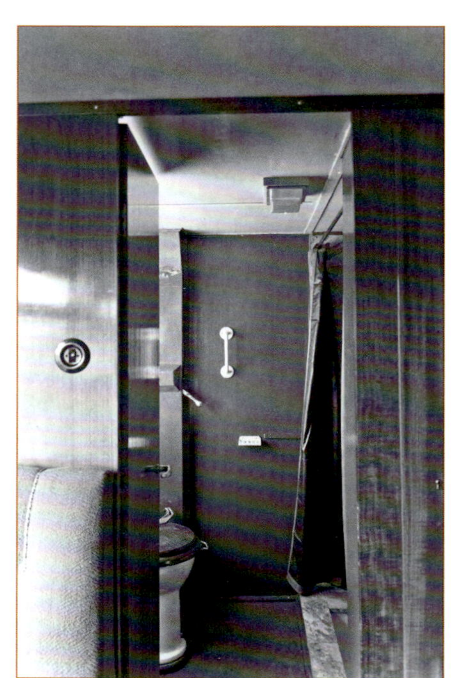

Esslinger-Triebwagen 1. Generation

Fabriknummer	Baujahr	Betriebs-nummer	Bahnverwaltung	Motoren
W 23341	1951	T 21	Farge-Vegesacker Eisenbahn AG	2 Stück MAN W 6 V 15/18A (150 PS)
W 23342	1951	T 20	Farge-Vegesacker Eisenbahn AG	2 Stück MAN W 6 V 15/18A (150 PS)
W 23343	1951	T 10	Württembergische Eisenbahngesellschaft	2 Stück MAN W 6 V 15/18A (150 PS)
W 23349	1951	VT 6	Altona-Kaltenkirchen-Neumünster	MAN W 6 V 17,5/22A (300 PS)
W 23350	1951	VT 7	Altona-Kaltenkirchen-Neumünster	MAN W 6 V 17,5/22A (300 PS)
W 23371	1951	VS 120	Farge-Vegesacker Eisenbahn AG	ohne; Steuerwagen
W 23372	1951	T 33	Oberbergische Verkehrs-gesellschaft AG	2 Stück MAN W 6 V 15/18A (150 PS)
W 23384	1951	T 3	Bergedorf-Geesthachter Eisenbahn	MAN W 6 V 17,5/22A (300 PS)
W 23385	1951	T 4	Bergedorf-Geesthachter Eisenbahn	MAN W 6 V 17,5/22A (300 PS)
W 23436	1952	VT 1	Bentheimer Eisenbahn	Daimler-Benz MB 836 Ab (400 PS)
W 23437	1952	VT 2	Bentheimer Eisenbahn	Daimler-Benz MB 836 Ab (400 PS)
W 23438	1952	VT 3	Bentheimer Eisenbahn	Daimler-Benz MB 836 Ab (400 PS)
W 23439	1952	VB 22	Bentheimer Eisenbahn	ohne; Beiwagen
W 23440	1952	VB 21	Bentheimer Eisenbahn	ohne; Beiwagen
W 23441	1952	VB 23	Bentheimer Eisenbahn	ohne; Beiwagen

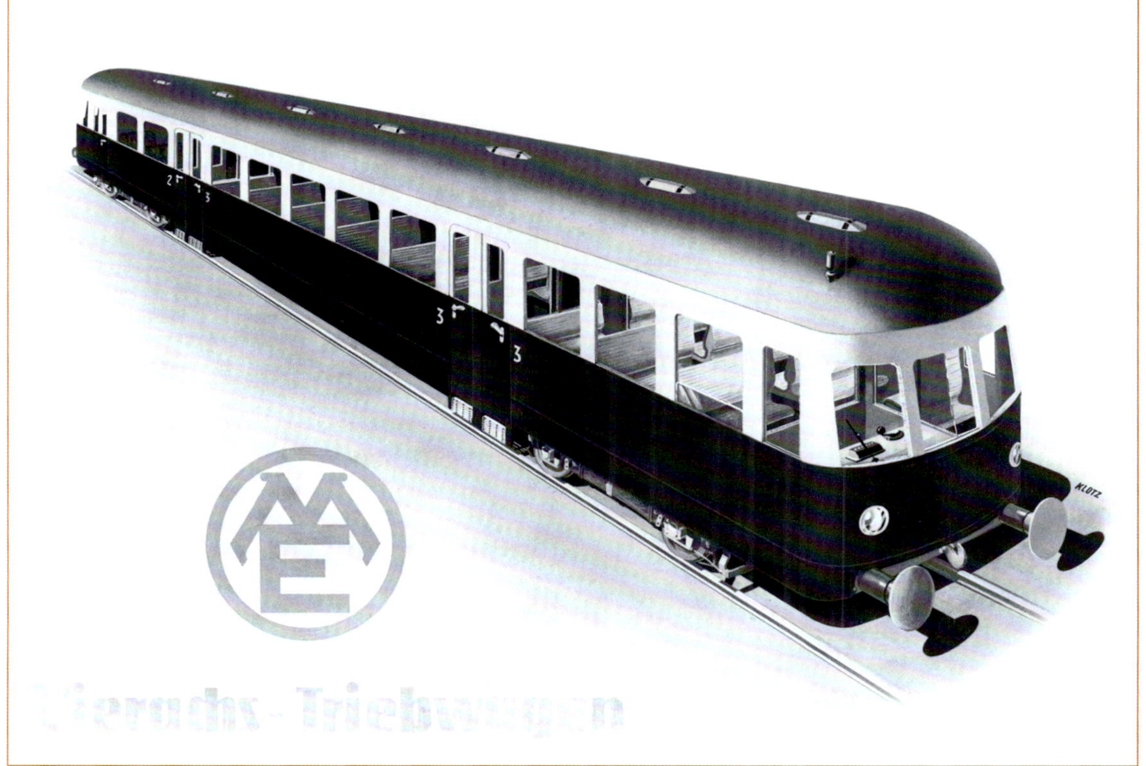

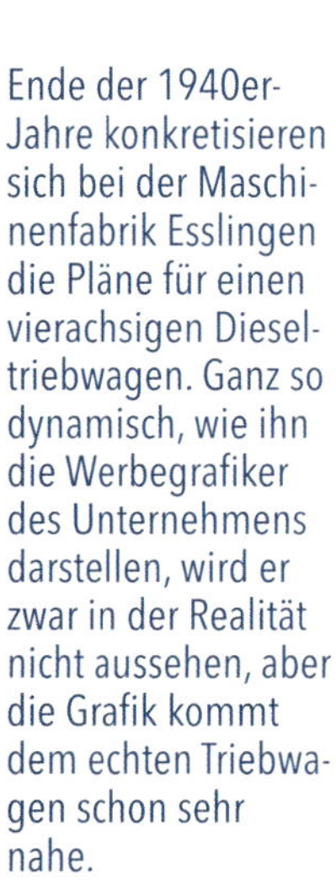

Ende der 1940er-Jahre konkretisieren sich bei der Maschinenfabrik Esslingen die Pläne für einen vierachsigen Dieseltriebwagen. Ganz so dynamisch, wie ihn die Werbegrafiker des Unternehmens darstellen, wird er zwar in der Realität nicht aussehen, aber die Grafik kommt dem echten Triebwagen schon sehr nahe.

Fabriknummer	Baujahr	Betriebs-nummer	Bahnverwaltung	Motoren
W 23493	1952	T 20	Württembergische Eisenbahngesellschaft	2 Stück Büssing U 10 (150 PS)
W 23494	1952	VT 61	Rinteln-Stadthagener Eisenbahn	2 Stück KHD A 8 L 614 (145 PS)
W 23495	1952	VT 60	Teutoburger Wald-Eisenbahn	2 Stück KHD A 8 L 614 (145 PS)
W 23497	1952	T 64	Moselbahn	2 Stück KHD A 8 L 614 (145 PS)
W 23498	1952	VT 104	Südwestdeutsche Eisenbahn-Gesellschaft	2 Stück KHD A 8 L 614 (145 PS)
W 23499	1952	VT 103	Südwestdeutsche Eisenbahn-Gesellschaft	2 Stück KHD A 8 L 614 (145 PS)
W 23500	1952	VT 102	Südwestdeutsche Eisenbahn-Gesellschaft	2 Stück KHD A 8 L 614 (145 PS)
W 23504	1952	VT 62	Hildesheim-Peiner Kreiseisenbahn	2 Stück KHD A 8 L 614 (145 PS)
W 23550	1952	T 63	Moselbahn	2 Stück KHD A 8 L 614 (145 PS)
W 23606	1953	VT 65	Butzbach-Licher Eisenbahn	2 Stück KHD A 8 L 614 (145 PS)
W 23608	1954	VT 50	Kahlgrund Verkehrsgesellschaft	2 Stück Büssing U 15 (180 PS)
W 23767	1955	VB 169	Neheim-Hüsten-Sundem	ohne; Beiwagen

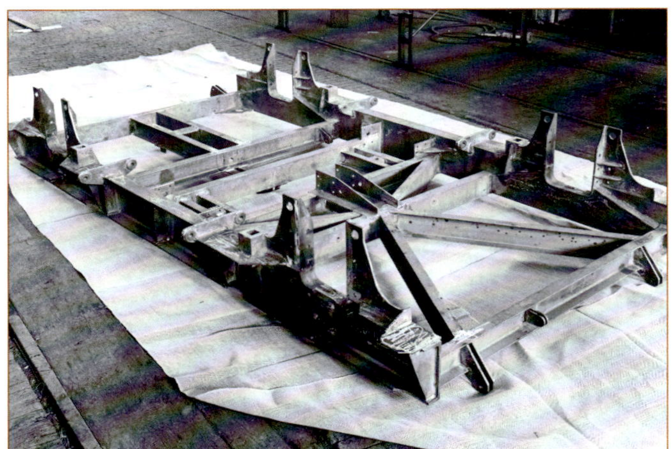

Links: 1951 nimmt der Esslinger Triebwagen, wie die Konstruktion in der Folge kurzerhand genannt werden wird, langsam Gestalt an. Hier sehen wir einen Drehgestellrahmen im Rohbau.

Unten links: Das fertige Drehgestell ist hier abgebildet. Es zeichnet sich durch eine kompakte Bauweise mit einem Radstand von nur 2,5 m aus.

Unten rechts: Der Wagenkasten ist in Leichtbauweise aus geschweißten Stahlprofilen gehalten. Auf dieser Aufnahme wird gerade eine Seitenwand mit dem Bodenrahmen verschweißt.

Den im Rohbau fertigen Wagenkasten hat man hier auf Hilfsdrehgestellen für ein Werbefoto aus der Werkshalle gerollt.

Bei der Motorisierung kann eigentlich jeder Kundenwunsch berücksichtigt werden. Im Regelfall sind beim Esslinger Triebwagen zwei unterflur zwischen den Drehgestellen eingebaute Motoren wie dieser MAN W 6 V 15/18A vorgesehen.

Den Moment, als einer der MAN-Motoren eingebaut wird, hat der Werksfotograf hier festgehalten.

Oben und Mitte: Die Farge-Vegesacker Eisenbahn AG erhält 1951 mit den Triebwagen T 20 und T 21 die beiden erstgebauten Esslinger Triebwagen.

Unten: Übersichtlich, aber bei weitem nicht mehr so eng und ungemütlich wie bei Vorkriegskonstruktionen zeigt sich der Führerstand von T 20.

Seite rechts:

Oben links: Im Großraum 3. Klasse müssen die Reisenden auf Holzbänken sitzen.

Oben rechts: Fast schon luxuriös wirkt dagegen die Einrichtung des Großraumes der 2. Wagenklasse.

Unten links: Schiebetüren trennen die Großräume von den beiden Plattformen ab.

Unten rechts: Pro Wagenseite sind zwei doppeltürige Einstiege vorhanden, die für einen schnellen Fahrgastfluss sorgen sollen.

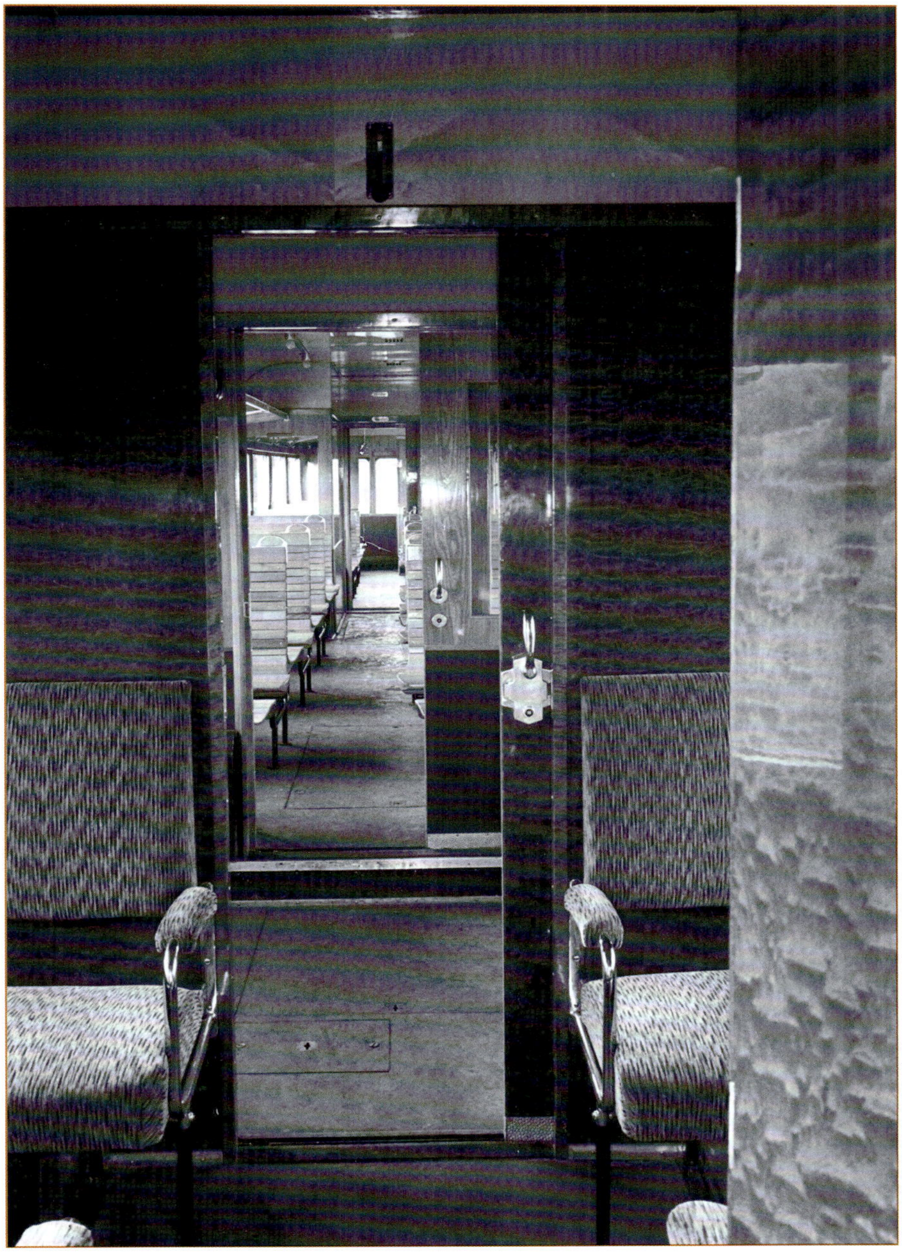

Nichtraucher
3
el. Bel. 24 V

An seinem Einsatzort angekommen sorgt T 21 für einiges Aufsehen, wie an den zahlreichen, neugierigen Zuschauern an den Fenstern des Bahnhofsgebäudes unschwer zu erkennen ist. Der moderne Triebwagen bedeutet einen Quantensprung für die Privatbahn nahe Bremen.

Die Eisenbahn Altona-Kaltenkirchen-Neumünster (AKN) ist ein weiterer Kunde der ME, der 1951 zwei Esslinger Triebwagen erhält.

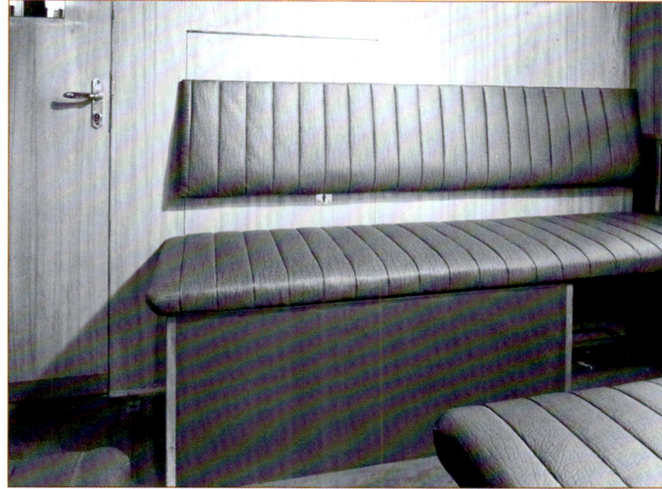

Links: Im Gegensatz zu den Exemplaren für Bremen wählt die AKN die Variante mit nur einem Antriebsdrehgestell mit größerem Radstand, in dem der Motor stehend eingebaut ist. Hierfür ist hinter einem der Führerstände ein Motorraum nötig.

Oben: Ein Teil des Motors ragt sogar noch in den anschließenden Fahrgastraum hinein, wo er unter einer Abdeckung unter einer der Sitzbänke verborgen wird.

Zahlreiche Esslinger Triebwagen wechseln im Laufe ihres Lebens mehrfach die Besitzer. Der VT 6 der AKN wird 1964 von der SWEG aufgekauft und erhält dort die Betriebsnummer VT 111. Als solchen sehen wir ihn hier mit leicht modernisiertem Aufbau 1975 im Bahnhof Menzingen. Das Ende seines Lebens wird er ab 1981 als Beiwagen VB 236 bei der SWEG fristen. (Aufnahme Wolfgang-D. Richter)

Oben: Während T 33 (links) 1951 an die Oberbergische Verkehrsgesellschaft AG geht, hat den Steuerwagen VS 120 (rechts) die Farge-Vegesacker Eisenbahn AG geordert.

Mitte: VS 120 wird später zur Regentalbahn gelangen, wo er die neue Betriebsnummer VS 26 erhält. Im Betriebszustand von 1985 sehen wir ihn hier. (Aufnahme Wolfgang-D. Richter)

Unten: Auf diesem stark retuschierten Werbefoto hat der Werksfotograf T 33 der Oberbergischen Verkehrsgesellschaft AG mit T 10 der Württembergischen Eisenbahngesellschaft (WEG) vereint.

Auf freier Strecke wurde T 10 der WEG hier festgehalten. Seine ursprünglich zweifarbige Lackierung wird er später wechseln,…

…wie auf dieser Aufnahme aus dem Bahnhof Weissach aus dem Jahr 1977 zu sehen ist. (Aufnahme Wolfgang-D. Richter)

Ein weiterer ME-Kunde, der sich für den Esslinger Triebwagen entscheidet, ist die Bergedorf-Geesthachter Eisenbahn (BGE). Sie erhält 1951 die beiden Triebwagen T 3 und den T 4, den wir hier sehen.

Oben: In den Führerstand von T 4 blicken wir auf dieser Aufnahme. An ihn schließt sich ein Motorraum an, denn auch die BGE hat sich für die einmotorige Lösung mit dem stehenden Motor entschieden.

Mitte: Die BGE-Triebwagen weisen auch in der 3. Klasse Polsterbänke auf.

Rechts: Schlicht und zweckmäßig gestaltet zeigt sich die Toilette im T 4 der BGE.

Oben links: Während im Hintergrund zahlreiche Wagenkästen von Straßenbahnbeiwagen der SSB in Bearbeitung sind, sehen wir im Vordergrund den Bodenrahmen eines der drei Triebwagen, die 1952 an die Bentheimer Eisenbahn gehen.

Oben rechts: In den im Rohbau fertigen Wagenkasten eines der Triebwagen für Bentheim blicken wir hier.

Mitte: An der Lüfteröffnung im Dach des grundierten Wagenkastens für Bentheim ist unschwer erkennbar, dass sich auch diese Eisenbahn für die einmotorige Lösung mit im Drehgestell stehendem Motor entschieden hat.

Unten: Das einbaubereite Antriebsdrehgestell für Bentheim sehen wir hier. Als Motor dient ein MB 836 Ab von Daimler-Benz.

VT 1 der Bentheimer Eisenbahn wartet mit VB 22 und einem weiteren Beiwagen im Bahnhof Bentheim auf seinen nächsten Einsatz.

Links: Da die Bentheimer Eisenbahn gleich drei Triebwagen nebst drei passenden Beiwagen bei der ME geordert hatte, ist dieser Großauftrag natürlich ein willkommenes Motiv einer Werbeaufnahme.

Oben: 1973 gelangt VT 2 der Bentheimer Eisenbahn zur Regentalbahn, wo er die Betriebsnummer VT 5 erhält. 1991 hat er seine besten Tage augenscheinlich hinter sich. (Aufnahme Wolfgang-D. Richter)

Oben: Die WEG ordert 1952 einen weiteren Esslinger Triebwagen. Dieser wird mit zwei Unterflurdieseln von Büssing des Typs U 10 motorisiert werden.

Mitte: Für das klassische Werbefoto vor der Werkshalle der ME hat der Fotograf den T 20 der WEG in Szene gesetzt.

Unten: Hier sehen wir den T 20 dagegen im Einsatz.

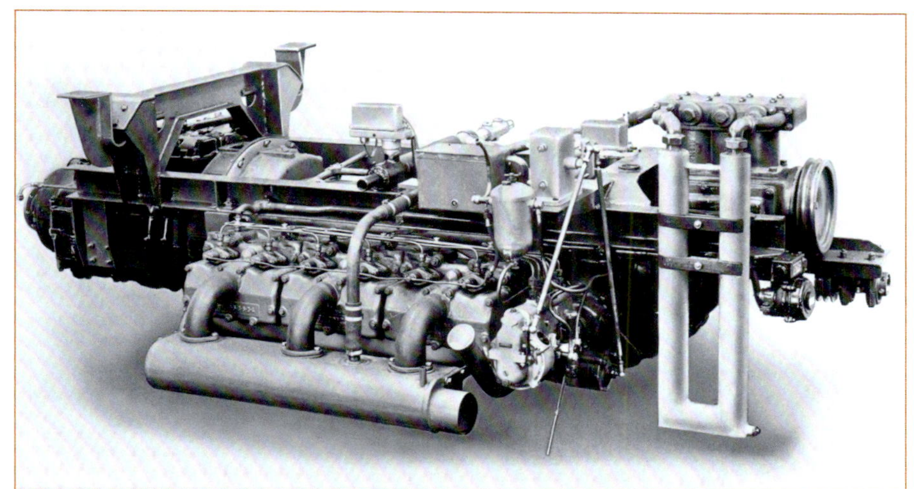

Die Rinteln-Stadthagener Eisenbahn erhält 1952 einen Esslinger Triebwagen mit zwei KHD-Unterflurdieseln. Dieser gelangt später zur Hohenzollernschen Landeseisenbahn (HzL), wo er die neue Betriebsnummer VT 3 bekommt. 1992 macht er vor der Wagenhalle in Gammertingen gerade Pause. (Aufnahme Wolfgang-D. Richter)

Links: Der Esslinger Triebwagen mit der Betriebsnummer T 64, dessen Führerstand wir hier sehen, geht 1952 an die Moselbahn.

Rechts oben: T 64 ist mit zwei KHD-Dieseln des Typs A 8 L 614 ausgerüstet.

Rechts unten: Gepolsterte Kunstledersitzbänke sorgen für etwas Komfort im Fahrgastraum.

Sein weiteres Leben wird T 64 der Moselbahn als VT 144 bei der SWEG verbringen. Hier sehen wir ihn 1975 im Bahnhof Hüffenhardt. (Aufnahme Wolfgang-D. Richter)

Auch VT 113 der SWEG, der 1975 im Bahnhof Bruchsal auf seinen nächsten Einsatz wartet, wurde ursprünglich an die Moselbahn geliefert. Dort hatte er die Betriebsnummer T 63.
(Aufnahme Wolfgang-D. Richter)

Die DBEG (später SWEG) erhält 1952 die drei Esslinger Triebwagen VT 102 – VT 104. Alle drei sind mit KHD-Unterflurdieseln des Typs A 8 L 614 mit angeflanschtem ZF-Hydromedia-Getriebe ausgestattet.

Einen der DBEG-Triebwagen, der auf der Strecke Achern–Ottenhöfen seinen Dienst versehen wird, sehen wir hier in der Werkshalle der ME.

Oben: Im Großraum 3. Klasse sind nur Holzbänke als Sitzgelegenheiten vorhanden.

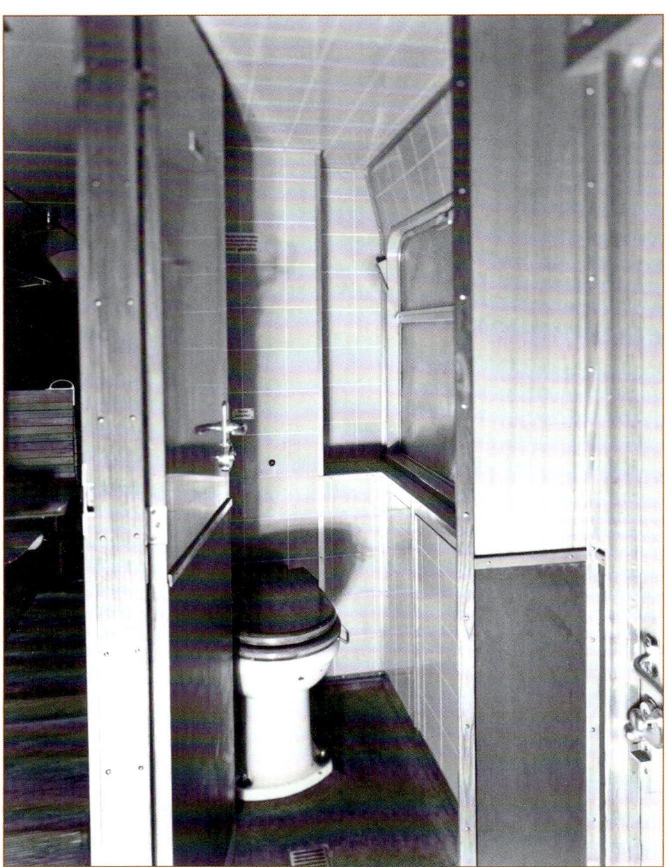

Rechts: Komplett gekachelt präsentiert sich die Toilette des DBEG-Triebwagens.

VT 102 aus der Lieferung von 1952 versieht auch 1976 noch seinen Dienst auf der SWEG-Strecke Achern–Ottenhöfen. (Aufnahme Wolfgang-D. Richter)

Oben: Nach Waldangelloch hatte es dagegen VT 103 verschlagen, den wir hier sehen. (Aufnahme Wolfgang-D. Richter)

Rechts: Die Kahlgrundbahn ordert 1954 einen Esslinger Triebwagen mit zwei Büssing U 15-Unterflurdieseln als Antriebsquelle.

Unten links: Ein Renk-Getriebe des Typs RR 90 sorgt im VT 50 der Kahlgrundbahn für die Kraftübertragung.

Unten rechts: Eines der beiden Antriebsdrehgestelle des VT 50 sehen wir hier.

Oben und Mitte: „Der Specht" ist der Name, auf den die Kahlgrundbahn ihren VT 50 tauft.

Unten: Der Führerstand des VT 50 der Kahlgrundbahn weist die typische Gestaltung aller Führerstände der Esslinger Triebwagen auf.

Esslinger-Triebwagen überarbeitete 1. Generation

Fabriknummer	Baujahr	Betriebs-nummer	Bahnverwaltung	Motoren
W 23775	1955	T 66	Moselbahn	2 Stück KHD A 12 L 614 (220 PS)
W 23778	1955	VT 8	Altona-Kaltenkirchen-Neumünster	2 Stück Büssing U 15 (180 PS)
W 23779	1955	VS 1	Altona-Kaltenkirchen-Neumünster	ohne; Steuerwagen
W 23780	1955	VS 2	Altona-Kaltenkirchen-Neumünster	ohne; Steuerwagen
W 24846	1956	T 2	Nordfriesische Verkehrs AG	2 Stück KHD A 8 L 614 (145 PS)
W 24892	1956	VS 161	Kiel-Schönberger Eisenbahn	ohne; Steuerwagen
W 24893	1956	VB 165	Kiel-Schönberger Eisenbahn	ohne; Beiwagen
W 24905	1957	VB 222	Südwestdeutsche Eisenbahn-Gesellschaft	ohne; Beiwagen

1955 überarbeitet die ME den Esslinger Triebwagen optisch leicht. Einer der ersten Kunden für diese neu gestalteten Triebwagen ist die Moselbahn, deren T 66 mit zwei KHD A 12 L 614-Unterflurdieseln mit angeflanschten Renk-Getrieben ausgestattet sind.

Den fertigen T 66 der Moselbahn mit seinen beiden älteren Brüdern T 63 und T 64 sehen wir hier. Charakteristisch für die Esslinger Triebwagen der überarbeiteten 1. Generation sind die neuen Stirnfronten mit nur noch zwei Fenstern und den nun getrennt angeordneten Scheinwerfern und Schlusslichtern.

VB 222 ist ein Beiwagen mit dem überarbeiteten Wagenkasten. Er geht 1957 an die SWEG, in deren Bestand er sich auch 1975 noch befindet, als er im Bahnhof Odenheim abgelichtet wurde. (Aufnahme Wolfgang-D. Richter)

Hinter dem Steuerwagen VS 28 der Regentalbahn verbirgt sich VS 191, der 1956 ursprünglich an die Kiel-Schöneberger Eisenbahn geliefert wurde. (Aufnahme Wolfgang-D. Richter)

Esslinger-Triebwagen 2. Generation

Fabriknummer	Baujahr	Betriebs-nummer	Bahnverwaltung	Motoren
W 24999	1959	VT 101	Frankfurt-Königsteiner Eisenbahn	2 Stück KHD BA 12 L 614 (275 PS)
W 25000	1959	VT 102	Frankfurt-Königsteiner Eisenbahn	2 Stück KHD BA 12 L 614 (275 PS)
W 25001	1959	VT 103	Frankfurt-Königsteiner Eisenbahn	2 Stück KHD BA 12 L 614 (275 PS)
W 25002	1959	VS 201	Frankfurt-Königsteiner Eisenbahn	ohne; Steuerwagen
W 25003	1959	VS 202	Frankfurt-Königsteiner Eisenbahn	ohne; Steuerwagen
W 25004	1959	VS 203	Frankfurt-Königsteiner Eisenbahn	ohne; Steuerwagen
W 25005	1959	VS 204	Frankfurt-Königsteiner Eisenbahn	ohne; Steuerwagen
W 25058	1958	VT 4	Bentheimer Eisenbahn	2 Stück KHD A 12 L 614 (220 PS)
W 25059	1958	VB 25	Bentheimer Eisenbahn	ohne; Beiwagen
W 25206	1958	VT 108	Südwestdeutsche Eisenbahn-Gesellschaft	2 Stück KHD BA 12 L 614 (275 PS)
W 25207	1958	VB 223	Südwestdeutsche Eisenbahn-Gesellschaft	ohne; Beiwagen
W 25264	1959	VS 162	Kiel-Schönberger Eisenbahn	ohne; Steuerwagen
W 25265	1959	VB 224	Südwestdeutsche Eisenbahn-Gesellschaft	ohne; Beiwagen
W 25620	1960	VB 26	Bentheimer Eisenbahn	ohne; Beiwagen
W 25628	1961	VT 104	Frankfurt-Königsteiner Eisenbahn	2 Stück KHD BA 12 L 714 (275 PS)

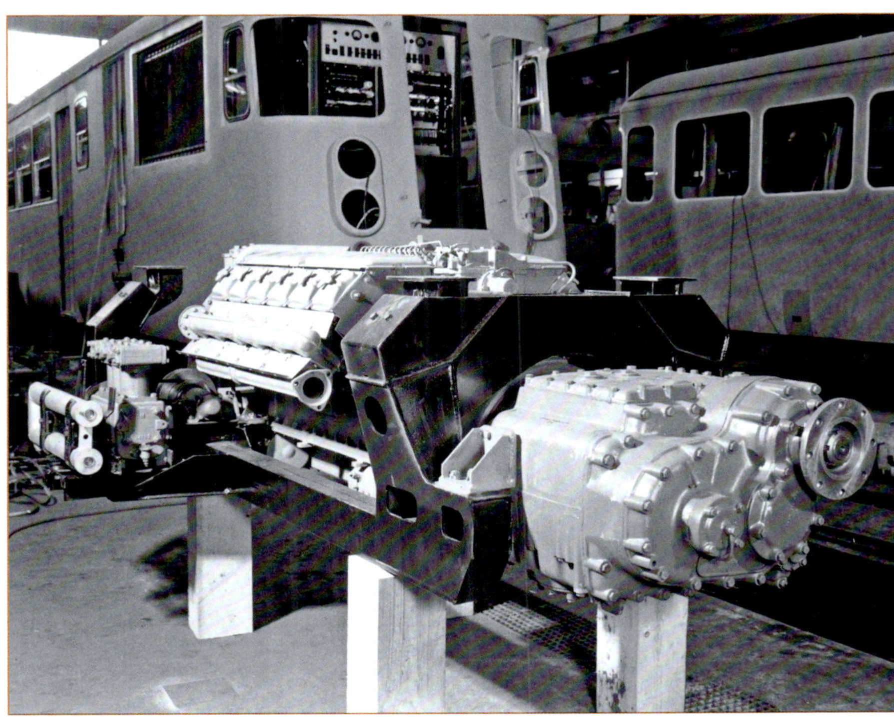

Links: Ab 1958 rollen die Esslinger Triebwagen der 2. Generation aus den Werkshallen in Mettingen. Sie besitzen einen komplett neuen Wagenkasten mit Schürzen und zwei zusätzlichen Eckfenstern für eine bessere Streckensicht. In einen Wagenkasten dieser 2. Generation im Rohbau blicken wir hier. Rechts: Einer der ersten Besteller eines Esslinger Triebwagens der 2. Generation ist die Bentheimer Eisenbahn, die für ihren VT 4 eine Motorisierung mit zwei Unterflurdieseln des Typs A 12 L 614 von KHD wählt. Im Bildhintergrund erkennen wir einen der Gliederzüge für die Peloponnes Bahn, die zeitgleich in Esslingen entstehen.

Neben dem VT 4 ordert die Bentheimer Eisenbahn auch noch einen Beiwagen, der die Betriebsnummer VB 25 erhält. Als eines der ersten Fahrzeuge mit dem neuen Wagenkasten lichtet ihn der Werksfotograf natürlich auf dem Anschlussgleis in Mettingen ab.

Kunstledersitzbänke dominieren die Großräume im VB 25.

An den Einstiegen hat sich wenig geändert. Sie sind noch immer mit zwei Klapptüren versehen.

VT 4 der Bentheimer Eisenbahn wird später zum VT 112 der SWEG werden, der 1975 im Bahnhof Ottenhöfen auf die Weiterfahrt wartet.
(Aufnahme Wolfgang-D. Richter)

Die Frankfurt-Königsteiner Eisenbahn ordert 1959 drei Triebwagen bei der ME. Sie erhalten die KHD-Unterflurdiesel des Typs BA 12 L 614 als Motoren.

Oben: Einen der Triebwagen für die Frankfurt-Königsteiner Eisenbahn sehen wir hier weitgehend fertiggestellt, aber noch nicht lackiert in der Halle des Wagenbaus im Werk Mettingen.

Unten: Neben den Triebwagen ordert die Frankfurt-Königsteiner Eisenbahn auch noch vier passende Steuerwagen bei der ME.

Links: Bereit zur ersten Probefahrt ist dieses Gespann aus einem Trieb- und Steuerwagen für die Frankfurt-Königsteiner Eisenbahn, das auf dem Anschlussgleis des Werkes Mettingen festgehalten wurde.

Oben: Hier blicken wir in den Führerstand eines der Triebwagen für Frankfurt. Die zusätzlichen Fenster an den Ecken, welche die Fahrzeuge der zweiten Bauserie auszeichnen, sorgen für eine deutlich bessere Streckensicht.

VT 102 aus dem Auftrag für die Frankfurt-Königsteiner Eisenbahn ist ein ganz besonderer Triebwagen – er trägt die Fabriknummer 25000 des Esslinger Waggonbaus.

Die DBEG (SWEG) bestellt 1958 und 1959 insgesamt drei Esslinger der zweiten Generation und zwar den Triebwagen VT 108 und die beiden Beiwagen VB 223 und VB 224. Alle drei sehen wir hier bei der Einfahrt in den Bahnhof Bruchsal.

Auf der Fahrt auf der Katzbachbahn von Bruchsal nach Odenheim hat der Fotograf den kurzen Zug dagegen auf dieser Aufnahme festgehalten.

1975 hat es VT 108 in den Bahnhof Menzingen auf der Kraichtalbahn verschlagen.
(Aufnahme Wolfgang-D. Richter)

Auch die beiden Beiwagen von VT 108 versehen 1975 ihren Dienst auf der Kraichtalbahn, wo sie gerade zusammen mit dem Triebwagen auf den Abstellgleisen des Bahnhofes Menzingen Pause machen.
(Aufnahme Wolfgang-D. Richter)

Steuerwagen VS 235 der SWEG, der 1977 im Bahnhof Endingen auf den nächsten Einsatz wartet, war in seinem ersten Leben als VS 162 bei der Kiel-Schönberger Eisenbahn unterwegs.
(Aufnahme Wolfgang-D. Richter)

Triebköpfe für die MT 5300-Triebzüge für die TCDD

Die MAN erhält 1951 den Auftrag zum Bau von 16 dreiteiligen Dieseltriebzügen der Baureihe MT 5300, welche eine Weiterentwicklung der MT 5200-Triebzüge sind, die die MAN vor dem Krieg an die TCDD geliefert hatte. Neben anderen Firmen ist auch die Maschinenfabrik Esslingen an diesem Auftrag beteiligt und übernimmt die Produktion der Antriebsdrehgestelle, von denen wir hier vier Radsätze sehen.

ME-Techniker führen noch letzte Arbeiten an einem weitgehend fertiggestellten Antriebsdrehgestell für einen MT 5300 durch. Als Antriebseinheit fungiert ein mächtiger MAN-Zwölfzylinder des Typs L 12 V 17,5/18, dessen Dimensionen durch die ebenfalls abgelichteten Personen erst so wirklich deutlich werden.

Fabriknummer	Baujahr	Betriebsnummer	Motor
W ?	1951/52	5303 a	MAN L 12 V 17,5/18 (550 PS)
W ?	1951/52	5303 b	MAN L 12 V 17,5/18 (550 PS)
W ?	1951/52	5306 a	MAN L 12 V 17,5/18 (550 PS)
W ?	1951/52	5306 b	MAN L 12 V 17,5/18 (550 PS)
W ?	1951/52	5309 a	MAN L 12 V 17,5/18 (550 PS)
W ?	1951/52	5309 b	MAN L 12 V 17,5/18 (550 PS)
W ?	1951/52	5312 a	MAN L 12 V 17,5/18 (550 PS)
W ?	1951/52	5312 b	MAN L 12 V 17,5/18 (550 PS)

Oben: Neben den Antriebsdrehgestellen für den kompletten Türkeiauftrag fertigt die ME auch acht der 32 Triebwagen. Der Bodenrahmen eines Triebwagens ist auf dieser Abbildung zu sehen.

Unten links: Dieser Wagenkasten eines MT 5300-Triebwagens ist im Rohbau weitgehend fertiggestellt und lässt schon in diesem Zustand erahnen, wie der fertige Zug aussehen wird.

Unten rechts: Hier sehen wir dagegen die Wagenkästen zweier weiterer Triebwagen in deutlich früheren Fertigungsstadien.

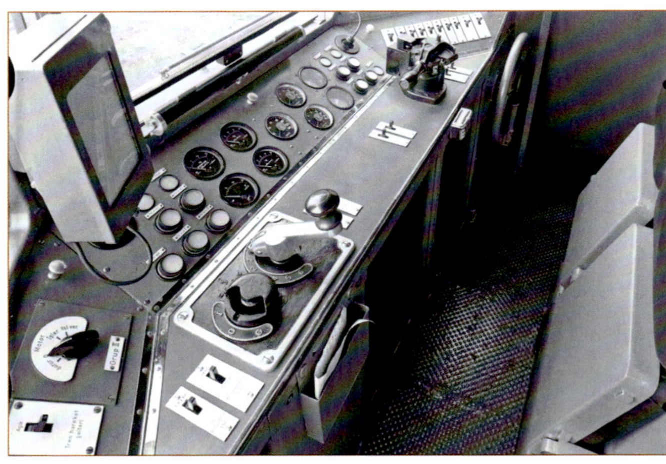

Den Führerstand eines fertiggestellten Triebwagens hat der Werksfotograf auf diesem Foto festgehalten.

An Führerstand und Motorraum schließt sich ein Großraum der 2. Wagenklasse an, der mit bequemen Ledersitzen in einer 2 + 1-Bestuhlung ausgestattet ist.

In den Mittelwagen, welche alle die Westwaggon produziert, ist zusätzlich noch eine Bar untergebracht.

Auch eine vollwertige Bordküche befindet sich in den Mittelwagen. Welch ein Gegensatz zu Bord-Restaurants heutiger Fernzüge, in denen nur noch Fertiggerichte in der Mikrowelle erwärmt werden!

Es fehlen zwar noch einige Verzierungen und Beschriftungen, aber der ansonsten fertige MT 5300, den man hier vor der Werkshalle platziert hat, macht auch so schon eine gute Figur.

Eine Dampflok schiebt den Triebzug in den Bahnhof Esslingen, von wo aus er zu einer ersten Probefahrt aufbrechen wird.

Dieser zweite Triebzug ist komplett fertiggestellt und hat wohl schon einige Probefahrten hinter sich, wie die verschrammten Puffer vermuten lassen. Er wird gleich zu einer weiteren Testfahrt aufbrechen,…

…welche ihn – wie üblich bei der ME – einmal mehr über die Geislinger Steige nach Ulm führen wird.

Als 1952 die VDI-Jahrestagung bei der ME stattfindet, ist der MT 5300 natürlich eines der Ausstellungsstücke, mit denen sich die Esslinger präsentieren.

Mit ihrer Lackierung in Rot und Creme bilden diese beiden MT 5300-Triebzüge einen schönen Kontrast zu der Winterlandschaft, die sie auf einer Probefahrt bei Feucht nahe Nürnberg durchqueren.
(MAN Archiv/Sammlung Wolfgang-D. Richter)

Im Istanbuler Hauptbahnhof Haydarpaşa wartet dieser MT 5300 auf die Abfahrt nach Ankara.
(MAN Archiv/Sammlung Wolfgang-D. Richter)

Turmwagen für die KBE

Fabriknummer	Baujahr	Betriebsnummer	Motor
W ?	1954	VT 1	KHD Typ?

Ein Sechszylinder von KHD sorgt in dem Turmwagen, den die ME 1954 an die Köln-Bonner Eisenbahn liefert, für den Antrieb.

Ziemlich eigenwillig gestaltet, aber durchaus zweckmäßig präsentiert sich der Aufbau des Turmwagens der KBE, der die Betriebsnummer VT 1 trägt. Bei einem Brand der Wagenhalle 2 in Wesseling wird er 1975 zerstört werden.

Triebzüge für die Israelische Staatsbahn

Fabriknummern	Baujahr	Betriebsnummern	Motor
W ?	1956	VT 1 - VT 12	Maybach MD 650 (1000 PS)

Anfang der 1950er-Jahre ordert die Israel Mission in Köln bei der ME zwölf Dieseltriebzüge, welche im Rahmen von Reparationsleistungen der Bundesrepublik ab 1956 in den Nahen Osten geliefert werden. Hier sehen wir zwei Designmodelle, an denen verschiedene Lackierungsvarianten getestet werden.

Die Israel-Triebzüge lehnen sich optisch wie auch konzeptionell an den VT 08 der DB an und sind wie dieser mit einem Maybach-Zwölfzylindermotor des Typs MD 650 ausgestattet, welcher hier gerade ins Antriebsdrehgestell eingebaut wird.

Das fertige Antriebsdrehgestell sehen wir dagegen auf dieser Aufnahme.

Bei einem Blick in die Halle des Wagenbaus hat der Werksfotograf einen fertigen Bodenrahmen für einen der Triebwagen aus dem Israel-Auftrag festgehalten. Links daneben ist der Wagenkasten eines weiteren Triebwagens schon weitgehend fertiggestellt.

Auf dieser Bilderserie sehen wir, wie einer der Mittelwagen des Israel-Triebzuges langsam Gestalt annimmt. Zunächst verblechen die ME-Mitarbeiter die Seitenwandgerippe. ...

...Diese werden dann mit dem Bodenrahmen vereint, wobei Hilfskonstruktionen den Aufbau stützen, bis das Dach aufgesetzt und der Wagenkasten in sich stabil ist. ...

...Nachdem der Wagenkasten im Rohbau vollendet ist, beginnen die Innenausbauten.

Auf den Wagenübergang mit der Kurzkupplung blicken wir hier.

Diese Innenansicht wiederum zeigt den zukünftigen Motorraum eines Triebwagens.

Oben: Die Wagenkästen zweier weiterer Triebwagen befinden sich hier in der Bearbeitung.

Unten: Die Dachkonstruktion des Triebwagenkastens, den wir hier sehen, erfordert noch einige Arbeiten, um sie zu komplettieren.

Rechts: Wir werfen nochmal einen Blick in den zukünftigen Motorraum eines Triebwagens, dessen Kasten nun fertiggestellt ist.

Links: Hier ist Maßarbeit nötig, um den Wagenkasten auf das Antriebsdrehgestell zu setzen.

Oben: Der Wagenkasten eines Steuerwagens wartet auf den Innenausbau.

Unten links: Scheinwerfer und Pufferverkleidungen fehlen zwar noch, aber ansonsten ist dieser Steuerwagen äußerlich weitgehend komplett.

Unten rechts: Hier sind die Schreiner am Werk und bringen die Wand- und Deckenverkleidungen im Innenraum an.

Links: Bequeme Polstersitze, die in Vierergrüppchen rechts und links des Mittelgangs angeordnet sind, kennzeichnen den Innenraum in der 2. Klasse (oben). In der 3. Klasse (unten) geht es schon deutlich beengter zu, aber zumindest sind auch hier Polstersitze verbaut. Rechts: Komplett gekachelt präsentiert sich die Toilette.

Links: Diese Detailaufnahme zeigt den Mechanismus der unterteilten Falttüren an den Einstiegen, die schon eine ausklappbare Trittstufe aufweisen. Rechts: Für eine erste Probefahrt kuppeln die ME-Techniker einen der Triebwagen mit drei Zwischenwagen und einem Steuerwagen zu einem Testzug zusammen.

Oben: Das Gespann von Triebwagen, Zwischenwagen und Steuerwagen macht sich sodann auf den Weg von Esslingen nach Stuttgart.

Mitte: Sehr minimalistisch ausgestattet zeigt sich der Führerstand des Triebwagens.

Unten: Nach den umfangreichen Tests, die die ME den Triebzug unterzieht, zeigt sich der Steuerwagen in ziemlich verschrammten Zustand. Daher ist vor der Ablieferung nach Israel eine Neulackierung notwendig.

Der Transport nach Israel erfolgt über den Seeweg, so dass die Triebzüge zunächst auf eigener Achse nach Bremen rollen, von wo aus sie sich mit dem Schiff auf den weiteren Weg in den Nahen Osten machen.

Schmalspurtriebwagen Serie FEVE 2000 für Spanien

Fabriknummer	Baujahr	Betriebs-nummer	Bahnverwaltung	Motoren	Anmerkungen
W 23781	1955	2011	Ferrocarril de Santander	2 Stück Büssing U 13 (150 PS)	Meterspur
W 23786	1956	2001	Ferrocarriles de Mallorca	2 Stück Büssing U 13 (150 PS)	Spurweite 914 mm
W 23787	1956	2002	Ferrocarriles de Mallorca	2 Stück Büssing U 13 (150 PS)	Spurweite 914 mm
W 23788	1956	2003	Ferrocarriles de Mallorca	2 Stück Büssing U 13 (150 PS)	Spurweite 914 mm
W 23789	1956	2004	Ferrocarriles de Mallorca	2 Stück Büssing U 13 (150 PS)	Spurweite 914 mm
W 23790	1956	2005	Ferrocarriles de Mallorca	2 Stück Büssing U 13 (150 PS)	Spurweite 914 mm

Beiwagen zu den Schmalspurtriebwagen Serie FEVE 2000 für Spanien

Fabriknummer	Baujahr	Betriebsnummern	Bahnverwaltung	Anmerkungen
W 23791	1956	R.4003	Ferrocarriles Catalanes	Meterspur
W 23792	1956	R.4002	Ferrocarriles Catalanes	Meterspur
W 23793	1956	R.4001	Ferrocarriles Catalanes	Meterspur

Mit dem ME-Entwurf eines Schmalspurtriebwagens kann die Ferrostaal Anfang der 1950er-Jahre die Ausschreibung des Ministerio de Obras Públicas über neue Triebwagen für verschiedene unter dem Dach der Eisenbahngesellschaft Ferrocarriles de Vía Estrecha (FEVE) zusammengefasste Schmalspurbahnen in ganz Spanien gewinnen.

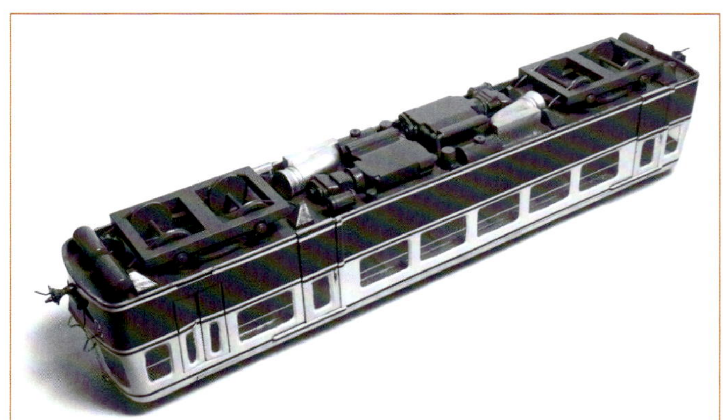

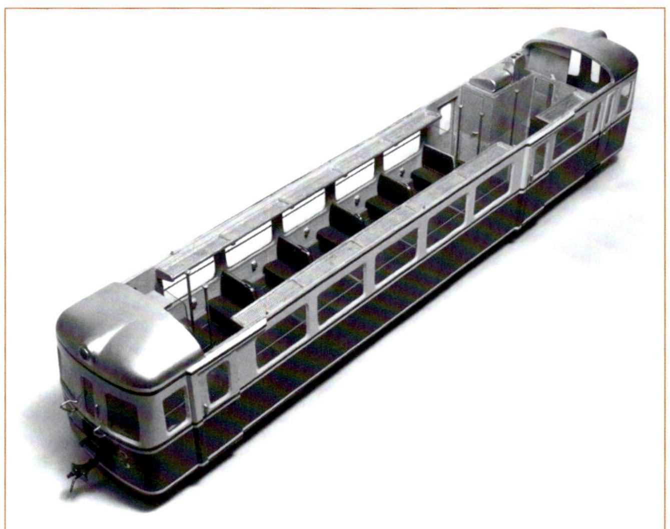

Oben: Ein erstes Exemplar dieser FEVE 2000-Triebwagen wird 1955 fertiggestellt. Hier sehen wir seinen Bodenrahmen im Rohbau.

Rechts oben: Die Rahmen der beiden Drehgestelle hat der Fotograf dagegen auf dieser Aufnahme festgehalten.

Rechts unten: Als Motoren kommen zwei Unterflurdiesel des Typs U 13 von Büssing zum Einbau.

Rechts oben: Hier verblechen gerade zwei Arbeiter das Dachgerippe eines FEVE 2000-Triebwagens.

Oben: In den fertiggestellten Wagenkasten im Rohbau blicken wir hier.

Rechts Mitte: Während ein Arbeiter die Türsäulen mit dem Dachlängsträger verschweißt, schleift ein anderer die Schweißnähte am Kupplungsvorbau und ein dritter bereitet den Zuschnitt weiterer Blechteile für den Aufbau vor.

Rechts unten: Hier ist der Innenausbau eines FEVE 2000-Triebwagens im vollem Gange.

Oben: Innen macht sich ein Elektriker an die Verkabelung des Triebwagens, während außen ein Lackierer den Wagenkasten für die Grundierung vorbereitet.

Mitte links: Da es sich bei diesen beiden Drehgestellen um Laufdrehgestelle handelt, werden sie unter einem der Beiwagen der Serie FEVE 2000 zum Einbau kommen. Eine Besonderheit stellt der Aufbau mit den untenliegend angeordneten Langträgern und Primärfedern dar. So kommt der Wagenkasten trotz der geringen Breite ohne Aussparungen für die Drehgestelle aus.

Mitte rechts: Vor der Ablieferung nach Spanien testet die ME den neuen Triebwagen natürlich. Dazu erfolgt der Abtransport via Straßenroller zur schmalspurigen Härtsfeldbahn.

Unten: Dort absolviert er diverse Probefahrten, die ihn auch über das imposante Viadukt Unterkochen führen.

Nach Spanien gelangt der Triebwagen dann schließlich auf einem Tiefladewagen auf dem Schienenweg.

Auf den Probetriebwagen folgen 1956 vier weitere Exemplare, die wir hier gerade während der Fertigung im Wagenbau in Mettingen sehen.

Einen der Triebwagen, welche nach Mallorca geliefert werden, hat der Werksfotograf vor der Ablieferung abgelichtet. Das vorteilhafte Konzept der Drehgestelle ist hier deutlich erkennbar.

Bei den Aufnahmen vor der Ablieferung sind auch Detailfotos entstanden, wie hier von der Schiebetür am Einstieg, welche sich auf der Außenseite wie links und auf der Innenseite wie rechts präsentiert,…

…oder dieser Vierersitzgruppe mit Polsterbänken.

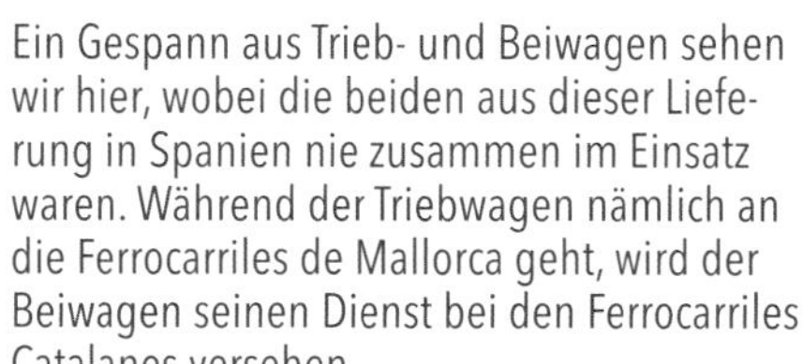

Ein Gespann aus Trieb- und Beiwagen sehen wir hier, wobei die beiden aus dieser Lieferung in Spanien nie zusammen im Einsatz waren. Während der Triebwagen nämlich an die Ferrocarriles de Mallorca geht, wird der Beiwagen seinen Dienst bei den Ferrocarriles Catalanes versehen.

Oben und Mitte: Wie auf diesen beiden Aufnahmen gut zu sehen ist, präsentiert sich der Wagenkasten des Beiwagens weitgehend baugleich zu dem des Triebwagens.

Unten: Der Triebwagen für Mallorca ist versandfertig gemacht und wartet auf seine Verladung auf einen Tiefladewagen.

Oben: Bis Spanien kann der Transport auf dem Schienenweg erfolgen. Das letzte Stück ihres Weges nach Mallorca legen die Triebwagen dann allerdings mit dem Schiff zurück.

Mitte: Während die beiden Beiwagen der Ferrocarriles Catalanes aus der ME-Lieferung stammen, ist der FEVE 2000-Triebwagen, der sie zieht, ein Produkt des Herstellers Euskalduna in Bilbao, welcher die Fertigung der Serie FEVE 2000 nach Plänen der ME in Lizenz übernommen hatte.

Unten: Hier waren mal wieder die Retuscheure der Maschinenfabrik am Werk, die mit ins Bild hineingezauberten Palmen, die die Illusion einer südeuropäischen Landschaft erwecken wollen. Der Triebwagen ist aber auf der Härtsfeldbahn abgelichtet worden.

Schmalspurtriebwagen für Peloponnes Bahn

Fabriknummer	Baujahr	Betriebsnummer	Motor
W ?	1958	3AK-1000-01	2 Stück Daimler-Benz MB 836 Bb (500 PS)
W ?	1958	3AK-1000-02	2 Stück Daimler-Benz MB 836 Bb (500 PS)
W ?	1958	3AK-1000-03	2 Stück Daimler-Benz MB 836 Bb (500 PS)
W ?	1958	3AK-1000-04	2 Stück Daimler-Benz MB 836 Bb (500 PS)
W ?	1958	3AK-1000-05	2 Stück Daimler-Benz MB 836 Bb (500 PS)
W ?	1958	3AK-1000-06	2 Stück Daimler-Benz MB 836 Bb (500 PS)
W ?	1958	3AK-1000-07	2 Stück Daimler-Benz MB 836 Bb (500 PS)

Nach dem Spanienauftrag kann die Ferrostaal als Folgeauftrag für die Esslinger den zur Herstellung von sieben Gliederzügen für die meterspurige Peloponnes-Bahn an Land ziehen. Eines der Motordrehgestelle ist hier im Rohbau abgelichtet worden.

Das fertige Motordrehgestell mit dem schräg eingebauten Daimler-Benz MB 836 Bb sehen wir dagegen auf dieser Aufnahme.

Oben: Komplett anders gestaltet präsentieren sich die Jakobs-Drehgestelle, welche die einzelnen Elemente des Gliederzuges verbinden.

Mitte: Im Vordergrund ist hier der Bodenrahmen eines Endwagens der PELOP-Triebzüge zu sehen, links daneben ist an einem weiteren Rahmen bereits eine der Seitenwände angebracht, während im Bildhintergrund ein Wagenkasten eines Mittelwagens erkennbar ist.

Unten links: Stützstreben halten die Seitenwände dieses Mittelwagens, bis das Dach aufgesetzt wird.

Unten rechts: Im Rohbau weitgehend fertig zeigt sich die Innenansicht dieses Endwagens.

Rechts oben: Gleich drei Endwagen in unterschiedlichen Fertigungsstadien sind auf diesem Foto zusammen mit dem Bodenrahmen eines vierten Endwagens vereint.

Rechts Mitte: Die Elemente mehrerer PELOP-Triebzüge gehen in der Halle des Wagenbaus im Werk Mettingen langsam aber sicher ihrer Vollendung entgegen.

Rechts unten: Während der Endwagen im Vordergrund noch den letzten Feinschliff vor der Lackierung erhält, wartet der im Hintergrund auf den Innenausbau.

Unten: An diesem Wagenkasten sind noch diverse Nacharbeiten erforderlich, bevor auch er seine Lackierung bekommen wird.

Links: Farbaufnahmen haben sich im ME-Archiv leider so gut wie keine erhalten. Umso erfreulicher war dieser Fund in Form von farbigen Innenansichten der 1. Wagenklasse (oben) und 2. Wagenklasse (unten) der PELOP-Triebwagen. Rechts: Im typischen 50er-Jahre-Charme zeigt sich die Toilette.

Hier wird einer der Endwagen auf seine Drehgestelle gesetzt.

Oben: Den fertigen Triebzug Nummer 01 hat der Werksfotograf auf diesem Foto in Szene gesetzt.

Mitte und unten: Vor der Ablieferung muss natürlich eine Testfahrt stattfinden und dafür nutzt die ME wieder einmal die Härtsfeldbahn. Der Testzug, der im Bahnhof Aalen aus den einzeln angelieferten Fahrzeugteilen zusammengebaut wird, ist dabei etwas zusammengewürfelt. Während die Endwagen nur grundiert sind, weisen Mittel- und Beiwagen bereits die endgültige Lackierung auf.

Oben links: Zusammen mit den Triebzügen liefert die ME auch noch sieben Beiwagen nach Griechenland. Einen von ihnen sehen wir hier auf Hilfsdrehgestellen in der Halle des Wagenbaus.

Oben rechts: Für ein Werbefoto hat man den fertigen Beiwagen auf dem Anschlussgleis des Werkes Mettingen platziert.

Mitte: Sicher verpackt erfolgt der Abtransport der PELOP-Triebwagen zunächst auf dem Straßenroller, bevor es dann auf dem Seeweg nach Griechenland weitergeht.

Unten: Am Einsatzort in Griechenland hat der Fotograf diese Doppeltraktion mit Beiwagen auf der Brücke über den Kanal von Korinth festgehalten.

Oben: Hier sehen wir zwei Szenen aus dem Betriebsalltag der Triebzüge auf der Peloponnes Bahn. Die genauen Aufnahmeorte sind leider nicht überliefert.

Mitte: 1975 übernimmt die griechische Staatsbahn OSE die Peloponnes Bahn. In der Folge erhalten die Gliederzüge eine neue Lackierung, bleiben aber bis Ende der 1980er-Jahre weiter im Einsatz. (Aufnahme Wolfgang-D. Richter)

Unten: Vieler Teile beraubt warten diese beiden PELOP-Triebwagen 1996 in Piräus auf ihre Verschrottung. (Aufnahme Wolfgang-D. Richter)

Dieseltriebzüge für die Griechische Staatsbahn

Fabriknummern	Baujahr	Betriebsnummern	Motor
W ?	1962	AA 71 - AA 90	Maybach GTO 6A 2 (800 PS)

Beiwagen für die Triebzüge für die Giechische Staatsbahn

Fabriknummer	Baujahr	Betriebsnummer
MAN 148043	1962	P 151
MAN 148044	1962	P 152
MAN 148045	1962	P 153
MAN 148046	1962	P 154
MAN 148047	1962	P 155
MAN 148048	1963	P 156
MAN 148049	1963	P 157
MAN 148050	1963	P 158
MAN 148051	1963	P 159
MAN 148052	1963	P 160

Oben links: Der letzte große Auslandsauftrag für Dieseltriebwagen der ME kommt Anfang der 1960er-Jahre wiederum aus Griechenland. Die Esslinger sollen zehn dreiteilige Triebzüge liefern. Eines der Laufdrehgestelle sehen wir hier.

Oben rechts: Der Bodenrahmen eines Triebwagens ist fertig und eine der beiden Seitenwände des Wagenkastens ist ebenfalls bereits montiert.

Unten links: In den im Rohbau fertigen Wagenkasten blicken wir hier.

Unten rechts: Die Produktion dieses Wagenkastens für einen Triebwagen ist offensichtlich schon sehr weit fortgeschritten.

Die Schiebebühne des Wagenbaus in Mettingen ist immer wieder ein beliebter Ort für Werbefotos. Und so hat der Werksfotograf natürlich auch die Griechenland-Triebwagen hier entsprechend in Szene gesetzt. Wobei diese nur mit Grundierung versehen, noch reichlich unfertig wirken.

Hier fehlen Triebwagen AA 71 nur noch die Zierstreifen.

Auch ohne Zierstreifen ist Triebwagen AA 71 bereit für eine erste Probefahrt.

Hier blicken wir in den Großraum 2. Klasse, der mit einer 2 + 2-Bestuhlung aus drehbaren Sesseln versehen ist.

Im Beiwagen trennt ein kleiner Speiseraum mit Bar und Küche die 1. von der 2. Wagenklasse.

Komplett lackiert und beschriftet präsentiert sich AA 76 dem Werksfotografen für Werbeaufnahmen auf dem Anschlussgleis der ME.

Auch einen der Beiwagen lichtet der Werksfotograf der ME für Prospektabbildungen ab. Die Beiwagen stammen allerdings nicht aus Esslinger Fertigung, sondern wurden allesamt von der MAN zugeliefert.

Vor der Ablieferung der Triebzüge nach Griechenland veranstaltet die ME eine Pressefahrt mit deutschen und internationalen Journalisten. Die Fahrt führt dabei von Stuttgart nach Friedrichshafen am Bodensee, wo diese Aufnahmen des kompletten Triebzuges entstanden sind.

Oben und unten links: Der komplette Triebzug besteht aus zwei Trieb- und einem Beiwagen. Unten rechts: Hier hat man dagegen den Übergang zwischen Trieb- und Beiwagen in einer Detailaufnahme dokumentiert.

Die mitreisenden Pressevertreter genießen sichtlich den Komfort an Bord der neuen Triebzüge.

Oben links: Vom Bodensee geht es über die württembergische Südbahn zurück Richtung Ulm.

Oben rechts: Nach der Pressefahrt erfolgt der Versand der Züge nach Griechenland, wobei der Streckenverlauf im Führerstandsfenster angezeigt wird. Für die lange Fahrt durch Jugoslawien gibt es noch zusätzliche Transportanweisungen: „Der Schutzbremswagen ist am Ende des Triebzuges anzuhängen. Er darf nicht vom Zug getrennt werden. Der Triebzug selbst fährt mit ausgeschalteter Bremse.“

Rechts: Großer Bahnhof in Lianokladi auf der Strecke Athen–Saloniki, als einer der Triebzüge mit dem griechischen Ministerpräsidenten Karamanlis an Bord 1962 seine Jungfernfahrt unternimmt.

Elektrotriebwagen der Maschinenfabrik Esslingen

Wie wir in Band 2 dieser Fotoalbenreihe, der die Straßenbahnen aus Esslinger Fertigung zum Thema hatte, ja schon gesehen haben, beginnt der Siegeszug der Elektrotraktion im Schienenverkehr zu Beginn der 1890er-Jahre, als immer leistungsfähigere elektrische Ausrüstungen für den Einsatz in Schienenfahrzeugen zur Verfügung stehen. Erste Erfahrung auf dem Gebiet elektrisch angetriebener Schienenfahrzeuge sammelt die Maschinenfabrik Esslingen bereits ab 1902, wobei zunächst verschiedene elektrische Feld- und Werkbahnlokomotiven entstehen. Doch die Entwicklungen in diesem Sektor schreiten schnell voran und schon 1908 fertigen die Esslinger eine Serie von Elektrotriebwagen für die Strecke Ravensburg–Weingarten–Baienfurt der Lokalbahn Aktien-Gesellschaft. Für die nächsten Jahre werden dann allerdings Straßenbahntriebwagen und -beiwagen die einzigen weiteren elektrischen Triebwagen sein, die die ME hergestellt, denn die Elektrifizierung bestehender Eisenbahnstrecken steckt noch in den Kinderschuhen.

Dies ändert sich erst in den 1920er-Jahren mit der Gründung der DRG, die nun die Elektrifizierung von Haupt- und Vorortstrecken in den Ballungszentren forciert. Auch für den Großraum Stuttgart mit einem schon damals intensiven Vorortzugbetrieb, der den Zubringerverkehr aus Esslingen und Ludwigsburg schultert, gibt es bald konkrete Pläne. Doch die Weltwirtschaftskrise wird den Baustart bis 1931 hinauszögern und bis die ersten elektrischen Züge fahren können, wird es noch bis 1933 dauern.

Immerhin stehen pünktlich zum Betriebsstart für die damalige Zeit hochmoderne Elektrotriebwagen bereit, die die DRG bei der ME in Auftrag gegeben hatte. Ähnlich dem heutigen Stuttgarter S-Bahn-System, dessen Vorläufer wir hier sehen, setzt auch die DRG bereits auf eine flexible Zugbildung je nach Verkehrsaufkommen. So bilden je ein Trieb- und Steuerwagen die Minimalkonfiguration eines Kurzzuges. Dank Mehrfachsteuerung können insgesamt bis zu drei dieser Kurzzüge, welche bei Bedarf durch Beiwagen noch weiter ergänzt werden können, zu einem Langzug kombiniert werden. Bei der Vielzahl der Haltepunkte, die es bei diesem Vorortzugverkehr zu bedienen gilt, müssen die Triebwagen zudem ein gutes Beschleunigungsvermögen besitzen und aufgrund der teils anspruchsvollen Topografie rund um Stuttgart zudem auch noch leistungsstark sein.

All diese Anforderungen erfüllen die Triebwagen der Baureihe ET 65 (ursprünglich elT 12), von denen die ME 1933 insgesamt 16 Exemplare abliefern kann. Sie sind als Vierachser mit zwei Antriebsdrehgestellen gehalten, welche jeweils zwei in Reihe geschaltete Tatzlager-Fahrmotoren aufweisen. Die Elektrotechnik stammt von der BBC und umfasst auch eine neue Fahrstufensteuerungsmaschine

Mit den Fahrzeugen für die Lokalbahn Ravensburg-Weingarten-Baienfurt aus dem Jahr 1908 beginnt die Fertigung von Elektrotriebwagen bei der ME, wobei diese sich bis in die 1930er-Jahre auf Straßenbahntriebwagen konzentrieren wird.

1933 liefert die ME 16 Exemplare des ET 65 an die Deutsche Reichsbahn, welche ihren Dienst im Vorortverkehr rund um Stuttgart versehen werden. Bei diesem Blick in die Halle des Wagenbaus im Werk Mettingen hat der Fotograf den Augenblick, als der Wagenkasten eines ET 65 auf seine Drehgestelle aufgesetzt wird, festgehalten.

Feierlich geschmückt ist elT 1212 (ET 65 012) auf einer Testfahrt in Geislingen angekommen. Für ein Erinnerungsfoto posieren Lokführer, Bahnhofsvorsteher und die mitgereisten Techniker und Ingenieure der ME an Fenstern und Türen des Zuges.

Der elT 1224 (ET 65 024) stammt aus der dritten Lieferserie der Baureihe ET 65, welche sich durch einen modernisierten, komplett geschweißten Wagenkasten auszeichnet.

in extrem kompakter Bauweise, die gegenüber der bisher üblichen Schützensteuerung eine erhebliche Gewichtsersparnis bringt. Der Wagenkasten ist in genieteter Ganzstahlbauweise gehalten und weist je Seite zwei Doppeleinstiege für den schnellen Fahrgastfluss auf. Am einen Wagenende ist ein Führerstand untergebracht, am anderen ein Fahrgastraum. Die Drehgestelle sind eine Neuentwicklung der ME in Anlehnung an den Typ Görlitz, wobei sie bis auf den für die Fahrmotoren modifizierten Einbauraum für die Trieb- wie auch die Steuerwagen weitgehend baugleich sind.

Die Steuerwagen der Baureihe ES 65 (ursprünglich elS 22), von denen 1933 13 Exemplare an die DRG gehen, weisen einen identischen Wagenkasten auf, wobei dieser im Gegensatz zu den ET 65 neben Großraumabteilen 3. Klasse auch eines der 2. Klasse besitzt. Bis 1935 folgen noch ein ET 65 und zwei ES 65 dieser ersten Generation, denen 1937 eine Serie von vier ET 65 der zweiten Generation folgt. Bei diesen Triebwagen entfällt der Frontübergang und dank einer geänderten Getriebeübersetzung, die auch die Triebwagen der ersten Generation nachträglich erhalten, erreichen sie eine Höchstgeschwindigkeit von 85 statt bisher 75 km/h. Zwischen 1938 und 1939 werden dann sieben Steuerwagen der zweiten Generation der Baureihe ES 65, welche einen vollständig geschweißten, leicht verlängerten Wagenkasten in Leichtbauweise und neue, jetzt ebenfalls komplett geschweißte Drehgestelle mit reduziertem Achsstand besitzen, ausgeliefert. Diese Neuerungen erhalten 1939 auch die letzten vier ET 65 der nunmehr dritten Generation.

Nach diesem erfolgreichen Einstieg der Maschinenfabrik Esslingen in die Fertigung von Elektrotriebwagen für die DRG kommt es rasch zu Folgeaufträgen. Das Beschaffungsprogramm, das die Reichsbahn

Vor dem Start zu einer Probefahrt, die elT 1801 (ET 25 015) über die winterlich verschneite schwäbische Alb bis nach Ulm führen wird, haben sich die mitfahrenden Vertreter der Reichsbahn und der ME zu einem Gruppenfoto versammelt.

Auch den elT 1900 (ET 11 01) testet die Maschinenfabrik auf der anspruchsvollen Strecke über die Geislinger Steige.

Bequeme Polstersitze und Intarsien an den Wänden kennzeichnen den Innenraum des ET 11 01.

zu Beginn der 1930er-Jahre formuliert hatte, sieht auch Einheits-Elektrotriebwagen für den schnellen Nahverkehr, aber auch Eil- und Schnellzugdienst auf längeren Strecken vor. Ein Vertreter dieser Einheits-Elektrotriebwagen ist die Baureihe ET 25 (ursprünglich elT 18). Der ET 25 ist als zweiteiliger Triebwagen konzipiert, bei dem jede Hälfte je ein Motordrehgestell mit zwei Fahrmotoren und ein Laufdrehgestell der Bauart Görlitz III aufweist. Die Drehgestelle sind in geschweißter Leichtbauweise gehalten wie auch der Wagenkasten, der sich durch die charakteristische, abgerundete Kopfform auszeichnet, welche die DRG zu Beginn der 1930er-Jahre für ihre Triebwagen eingeführt hatte. In seinem Innenraum sind Großraumabteile der 2. und 3. Klasse, ein Gepäckraum sowie an den Wagenenden mit den Motordrehgestellen die Führerstände untergebracht. Da die Baureihe ET 25, deren vier Fahrmotoren zusammen 1300 PS leisten, für Höchstgeschwindigkeiten von 120 km/h ausgelegt ist, kommen hier erstmals Trommel- statt Klotzbremsen zum Einbau. Zwischen 1935 und 1938 entstehen insgesamt 38 Exemplare des ET 25, von denen die ME zehn und die MAN die restlichen fertigt. Die Lieferung der Elektrotechnik teilen sich AEG, BBC und SSW. Ganz im Sinne des Konzepts eines Einheitstriebwagen sind dabei alle Bauteile untereinander austauschbar, egal von welchem Hersteller sie stammen.

Weitaus prestigeträchtiger als die Triebwagen der Baureihe ET 25 ist allerdings ein anderer Elektrotriebwagen, den die ME 1935 an die DRG übergibt. Diese hatte bereits 1933 drei Schnelltriebwagen mit einer Höchstgeschwindigkeit von 160 km/h für den Einsatz auf der Strecke Stuttgart–München–Berchtesgaden und später auch für die Strecke München–Berlin bei der ME und der MAN in Auftrag gegeben. Das Grundkonzept sieht wie beim ET 25 einen zweiteiligen Triebwagen aus weitgehend identischen Fahrzeughälften mit je einem zweimotorigen Antriebs- und einem Laufdrehgestell und geschweißtem Aufbau vor. Letzterer ist bei der Baureihe ET 11 (ursprünglich elT 19) deutlich stromlinienförmiger als beim ET 25 gehalten ohne dabei das Erscheinungsbild der Dieselschnelltriebwagen jener Jahre zu kopieren. Beim Antriebskonzept lässt die Reichsbahn den Herstellern freie Hand, so dass der ET 11 01, den die ME zusammen mit der BBC baut, einen Buchli-Antrieb erhält, während die beiden ET 11 aus MAN-Fertigung einen SSW-Tatzlagerantrieb (ET 11 02) bzw. einen Kleinow-Federtopfantrieb der AEG (ET 11 03) besitzen.

Da der elT 1900 der Esslinger als erster fertig ist, wird ihm die Ehre zuteil, als Ausstellungsstück der Fahrzeugschau anlässlich der 100-Jahr-Feier der Deutschen Reichsbahn im Ausstellungsgelände Nürnberg-Süd zu fungieren, wo zahlreiche Besucher nicht nur das schnittige Äußere, sondern auch die gediegene Innenausstattung mit intarsienverzierten Wänden bestaunen. Danach wird er wie seine beiden Brüder auch intensiven Tests unterzogen und schließlich im Planbetrieb zwischen Stuttgart und München eingesetzt. Hierbei bereiten die nach Görlitzer Prinzipien gebauten Drehgestelle Probleme, was zur Reduktion der Höchstgeschwindigkeit auf 120 km/h führt. Die 1939 getroffene Entscheidung, von der ME neue Drehgestelle entwickeln zu lassen, wird zwar noch für den elT 1901 umgesetzt, aber die 1940 bereits bei der MAN begonnene Fertigung weiterer Drehgestelle für den ET 11 01 (zuvor elT 1900) abgebrochen. Der Zweite Weltkrieg verhindert weitere Erprobungen und Einsätze, doch wenigstens überleben alle drei Triebwagen diesen. 1951 erhalten dann auch die ET 11 01 und ET 11 03 neue Drehgestelle und sind danach noch bis 1961 im Einsatz. Während die beiden anderen ET 11 anschließend den Weg allen alten Eisens gehen, wird ET 11 01 noch für einige Jahre als Bahndienstfahrzeug genutzt und gelangt so schließlich zur DGEG, die ihn seither im Eisenbahnmuseum Neustadt/Weinstraße für die Nachwelt erhält.

Der Vorkriegsschnelltriebwagen ET 11 01 dient auch in den 1950er-Jahren noch als Werbemotiv für das Cover eines Prospektes der Abteilung Wagenbau.

Zwischen zwei Schutzwagen warten 1940 die beiden Triebzüge für die Chilenische Staatsbahn auf ihren Abtransport nach Bremen, von wo aus sie nach Südamerika verschifft werden.

Hier hat der Werksfotograf ein Foto des Triebzuges AM-54 retuschiert und dabei Pantografen mit ins Bild geschmuggelt. Diese werden nämlich erst in Chile montiert werden.

Neben der Deutschen Reichsbahn ordert 1938 auch eine Privatbahn, die Trossinger Eisenbahn, einen Elektrotriebwagen bei der ME. Dieser soll die bisher eingesetzten Triebwagen der ersten Generation, die noch aus der Zeit vor der Jahrhundertwende stammen und die dem Verkehrsaufkommen nicht mehr gewachsen sind, entlasten. Die Trossinger entscheiden sich bei ihrem eT 3 für ein vierachsiges Fahrzeug, bei dem in jedem Drehgestell zwei Tatzlagermotoren der AEG mit je 100 PS für genügend Leistung sorgen, um den Triebwagen als Schlepptriebwagen auch vor Güterzügen einsetzen zu können, die den Hauptteil des Verkehrsaufkommens bilden. Für den Personenverkehr erhält der Wagenkasten, der in moderner, geschweißter Schalenbauweise konzipiert ist, einen Großraum 3. Klasse und einen kleineren Fahrgastraum 2. Klasse, welche durch einen einfachen Einstieg auf jeder Wagenseite erreicht werden können. Den Innenausbau der Fahrgasträume übernimmt die Trossinger Eisenbahn – ganz schwäbisch sparsam – dabei in Eigenregie. Ein interessantes Detail des eT 3 ist sicherlich noch der dritte Scheinwerfer in der Mitte der Fahrzeugfront über dem Kupplungshaken. Es handelt sich dabei um einen sonst nur bei Straßenbahntriebwagen verwendeten Fernscheinwerfer, mit dem man die Ausleuchtung der Strecke, die größtenteils parallel zur Straße verläuft, auf ein verträgliches Maß reduzieren kann.

Mitten in den Zweiten Weltkrieg fällt denn auch die Auslieferung einer Serie wirklich exotisch anmutender Triebzüge. Sie stammen aus einem Großauftrag der Chilenischen Staatsbahn, den die Ferrostaal 1937 hatte an Land ziehen können. Er umfasst sechs dreiteilige Dieselschnelltriebzüge im Stile des Fliegenden Hamburger der DRG, deren Fertigung die MAN übernimmt, und elf dreiteilige Elektro-

1950 liefert LHB eine zweite, leicht überarbeitete Serie von Triebzügen für den Vorortverkehr um Valparaiso. Einen davon sehen wir auf dieser colorierten Werbeaufnahme von Linke-Hofmann-Busch. (Sammlung Wolfgang-D. Richter)

Für die Vororttriebwagen in Valparaiso fertigt die ME 1954 weitere Zwischenwagen, um die bisherigen Dreiteiler zu Vierteilern zu verlängern. Der Transport nach Bremen erfolgt auf Hilfsdrehgestellen auf dem Schienenweg.

triebzüge, welche die LHB in Breslau federführend entwickelt. Sie sollen im Vorortverkehr zwischen Valparaiso und Calera bzw. auf der Strecke zwischen Santiago und Cartagena zum Einsatz kommen. Während die Triebwagen für Valparaiso nur die 3. Wagenklasse führen und von der LHB selbst gebaut werden, fertigt die vier Exemplare für Santiago, welche Großraumabteile der 1. und 3. Klasse besitzen, die ME. Die Triebzüge sind als geschweißte Leichtbaukonstruktion ausgeführt und aus zwei Triebköpfen mit je einem Motordrehgestell mit SSW-Tatzlagermotoren und einem Mittelwagen gebildet, der über zwei Jakobsdrehgestelle mit den Motorwagen zu einer festen Zugeinheit zusammengekuppelt ist. Aufgrund der Kriegsgeschehnisse werden bis 1940 lediglich zwei der MAN-Dieseltriebzüge und sechs Elektrotriebzüge bei der ME und bei LHB fertiggestellt, die es unter Mühen dann noch nach Chile schaffen. Alle weiteren Triebzüge werden nach der Fertigstellung sofort in die neutrale Schweiz verbracht, wo sie den Krieg unbeschadet überstehen und 1947 schließlich ihre Reise über den Atlantik antreten. Da sich vor allem der Vorortverkehr um Valparaiso rasant entwickelt, ordert die Chilenische Staatsbahn 1950 weitere Triebzüge, welche allerdings komplett bei der LHB in Salzgitter gefertigt werden. Da aber auch diese nun insgesamt zwölf Einheiten für das stetig wachsende Aufkommen an Fahrgästen bald nicht mehr genügen, bestellt die Chilenische Staatsbahn kurz darauf zwölf zusätzliche Mittelwagen, um die dreiteiligen Triebzüge zu Vierteilern zu erweitern. Die Produktion dieser Mittelwagen, die 1954 ausgeliefert werden, übernehmen nun wieder die Esslinger.

In der unmittelbaren Nachkriegszeit und auch noch 1950 ist die Maschinenfabrik Esslingen im Wagenbau mit der Reparatur und dem Umbau von Vorkriegsfahr-

Der Wagenübergang eines EM 56-Mittelwagens im Rohbau ist hier zu sehen.

Stark retuschiert präsentiert sich der fertiggestellte ET 56 002 auf diesem Werbefoto der Maschinenfabrik.

Anlässlich der VDI-Jahrestagung 1952 findet eine Fahrzeugausstellung im Werk Mettingen statt. Neben zwei C-Kupplern der Type Göteborg für Schweden stellt die ME auch den ET 56 für die Bundesbahn und den MT 5300 Dieseltriebwagen für die TCDD aus.

zeugen sehr gut ausgelastet. Dies betrifft auch Elektrotriebwagen. So sind die Esslinger unter anderem am Umbauprogramm der Deutschen Bundesbahn für den ET 31 beteiligt. Diese Einheits-Elektrotriebwagen waren ursprünglich als Dreiteiler mit je einem Triebdrehgestell pro Wagen konzipiert worden und bauen damit grundsätzlich auf dem Konzept des ET 25 auf. Nach dem Krieg bleiben der DB noch vier dieser Züge, bei denen sie jeweils einen der Motorwagen entfernen und durch einen umgebauten Steuerwagen der Baureihe ES 25 ersetzen lässt, wodurch aus der Baureihe ET 31 die neue Baureihe ET 32 entsteht.

Diese Umbau- und Reparaturprogramme sind allerdings nichts Dauerhaftes, weshalb die ME schon früh versucht, an den Neubauprogrammen der Bundesbahn beteiligt zu werden. Diese will vor allem den Vorortverkehr in den Ballungsräumen, der momentan noch fast komplett von Vorkriegsfahrzeugen geschultert wird, modernisieren. Das BZA München entwickelt daher 1951/52 zusammen mit der ME und den Firmen Fuchs und Rathgeber das Konzept eines neuartigen Elektrotriebzuges für den Nah- und Städteschnellverkehr, wobei der VT 08 als gestalterisches Vorbild dient. Die neue Baureihe ET 56 ist ein Dreiteiler bestehend aus zwei Motorwagen mit dem charakteristischen „Eierkopf" und einem antriebslosen Mittelwagen. Die Motorwagen haben jeweils ein Motordrehgestell mit zwei Tatzlagermotoren à 350 PS, die, wie die gesamte von BBC stammende Ausrüstung, aus dem Ersatzteilbestand und von ausgemusterten Triebwagen der Baureihen ET 25, 31 und 55 stammen. Trieb- und Laufdrehgestelle sind in geschweißter Blechträgerbauweise gehalten, wobei die Achslenker in Silentblöcken mit verstellbaren Exzenterbolzen im Drehgestellrahmen ruhen. Die Drehgestelle sind wiegenlos, das Gewicht des Wagenkastens wird stattdessen über zwei seitliche Gleitstücke, die durch eine Quertraverse verbunden sind, über die Wagenkastenfederung auf den Drehgestellrahmen und dort über die Achsblattfedern auf die Radsätze übertragen. Die Wagenkästen selbst sind in Leichtbauweise als verwindungssteife, selbsttragende Röhren konzipiert. Hierbei bilden je ein Dach- und ein Bodenspant zusammen mit zwei Seitenstützen einen tragenden Ring. Diese Ringe werden zusammen mit weiteren stabilisierenden Spanten wie Perlen auf einer Kette auf zwei nahtlose Stahlrohre durch die Bodenspanten aufgereiht und dann verblecht. Für den schnellen Fahrgastfluss weisen die Wagenkästen jeweils zwei Endeinstiege und einen Mitteleinstieg auf, über die man in die Großräume im Innern gelangt. Während die ME die Fertigung der sieben Mittelwagen übernimmt, teilen sich Fuchs und Rathgeber die Produktion der 14 Motorwagen auf. Abgeliefert werden die sieben kompletten Triebzüge alle 1952. Ihr Einsatzgebiet wird

Die Wagenkästen dreier ESA 176-Steuerwagen befinden sich hier gerade im Wagenbau in der Fertigung.

Vor der Ablieferung an die DB hat der Werksfotograf ESA 176 002 in Mettingen verewigt.

immer in Süddeutschland liegen im Bereich der Bahndirektionen Stuttgart und Karlsruhe, bis am 31. Mai 1986 der letzte ET 56 aus dem planmäßigen Dienst ausscheidet und anschließend wie alle anderen Exemplare der Baureihe dem Schneidbrenner zum Opfer fällt.

Während die Auslieferung der Baureihe ET 56 läuft, liefert die Firma Wegmann die ersten Vertreter der neuen Akkumulator-Triebwagen der Baureihe ETA 176 an die Deutsche Bundesbahn ab, die wegen ihres Aussehens und aufgrund der Tatsache, dass sie alle in Limburg stationiert sind, bald als „Limburger Zigarren" tituliert werden. Die modernen Vierachser in selbsttragender Spantenbauweise sollen die bewährten Akkumulatortriebwagen preußischer Bauart ersetzen, die mittlerweile am Ende ihres Lebens angelangt sind. Der ETA 176 erfüllt die Erwartungen der Bundesbahn trotz langer Ladezeiten weitgehend, so dass der Bestand bis 1954 auf acht Exemplare anwächst. Um diese flexibler einsetzen zu können, ordert die DB 1954 noch acht passende Steuerwagen, von denen die Esslinger fünf fertigen. Konstruktiv entsprechen die Steuerwagen der Baureihe ESA 176 den Triebwagen, sie weisen aber im Gegensatz zu diesen nur einen Führerstand und antriebslose Laufdrehgestelle auf. Ein weiterer Nachbau der Baureihe unterbleibt, da die seit 1953 parallel beschafften Akkumulatortriebwagen der Baureihe ETA 150 in Anschaffung und vor allem Unterhalt deutlich günstiger sind.

1956 liefert die ME in Form des eT 5 einen zweiten Triebwagen an die Trossinger Eisenbahn. Dieser ist nun in erster Linie als Triebwagen für den Personenverkehr gedacht, weshalb der geschweißte Aufbau je Seite zwei große Schiebetüren aufweist, über die man schnell in den geräumigen Fahrgastraum gelangt. Für den Antrieb des Zweiachsers sorgen zwei SSW-Tatzlagermotoren mit je 80 PS. Im Jahr darauf weilt eT 3 dann zur Revision in seinem ehemaligen Herstellerwerk und erhält dort neue Achsen. Auch wenn man noch diverse Triebwagenprojekte und auch Projekte für S- und U-Bahnen in den Schubladen gehabt hätte, werden in der Folge nur noch Straßenbahntriebwagen, aber keine Elektrotriebwagen für den Eisenbahnverkehr mehr aus dem Werkshallen in Mettingen rollen. Und so endet 1965 mit der Auslieferung der letzten Gelenktriebwagen des Typs DoT4 für die SSB eine fast 60-jährige Tradition der Elektrotriebwagen-Fertigung der Maschinenfabrik Esslingen so, wie sie begonnen hat, mit einer Straßenbahn.

Mit eT 5 für die Trossinger Eisenbahn endet 1956 die Fertigung von Vollbahn-Elektrotriebwagen bei der ME.

Elektrotriebwagen der Baureihe ET 65 (1. Serie) für die DRG

Fabriknummer	Baujahr	Betriebsnummer	Elektrische Ausrüstung
W 18796	1933	1201	BBC
W 18797	1933	1202	BBC
W 18798	1933	1203	BBC
W 18799	1933	1204	BBC
W 18800	1933	1205	BBC
W 18801	1933	1206	BBC
W 18802	1933	1207	BBC
W 18803	1933	1208	BBC
W 18804	1933	1209	BBC
W 18805	1933	1210	BBC
W 18806	1933	1211	BBC
W 18807	1933	1212	BBC
W 18808	1933	1213	BBC
W 18809	1933	1214	BBC
W 18810	1933	1215	BBC
W 18811	1933	1216	BBC
W 18965	1935	1217	BBC

Elektrotriebwagen der Baureihe ET 65 (2. Serie) für die DRG

Fabriknummer	Baujahr	Betriebsnummer	Elektrische Ausrüstung
W 19189	1937	1218	BBC
W 19190	1937	1219	BBC
W 19191	1937	1220	BBC
W 19192	1937	1221	BBC

Elektrotriebwagen der Baureihe ET 65 (3. Serie) für die DRG

Fabriknummer	Baujahr	Betriebsnummer	Elektrische Ausrüstung
W 19242	1939	1222	BBC
W 19243	1939	1223	BBC
W 19244	1939	1224	BBC
W 19245	1939	1225	BBC

Steuerwagen der Baureihe ES 65 (1. Serie) für die DRG

Fabriknummer	Baujahr	Betriebsnummer
W 18828	1933	2201
W 18829	1933	2202
W 18830	1933	2203
W 18831	1933	2204
W 18832	1933	2205
W 18833	1933	2206
W 18834	1933	2207
W 18835	1933	2208
W 18836	1933	2209
W 18837	1933	2210
W 18838	1933	2211
W 18839	1933	2212
W 18904	1933	2213
W 18905	1933	2214
W 18966	1935	2215
W 18967	1935	2216

Steuerwagen der Baureihe ES 65 (2. Serie) für die DRG

Fabriknummer	Baujahr	Betriebsnummer
W 19246	1938	2217
W 19247	1938	2218
W 19248	1938	2219
W 19249	1938	2220
W 19250	1938	2221
W 19251	1938	2222
W 19252	1938	2223
W 19253	1939	2224

Rechts: Einbaufertige Antriebsdrehgestelle für den ET 65 warten auf die Endmontage. Gut zu erkennen sind die Fahrmotoren der BBC mit den Balganschlüssen für die Fremdbelüftung.

Unten: Die Antriebsdrehgestelle – hier eine Detailaufnahme der Seitenansicht – sind eine Neuentwicklung der ME, die sich an das Konzept Görlitz III anlehnt.

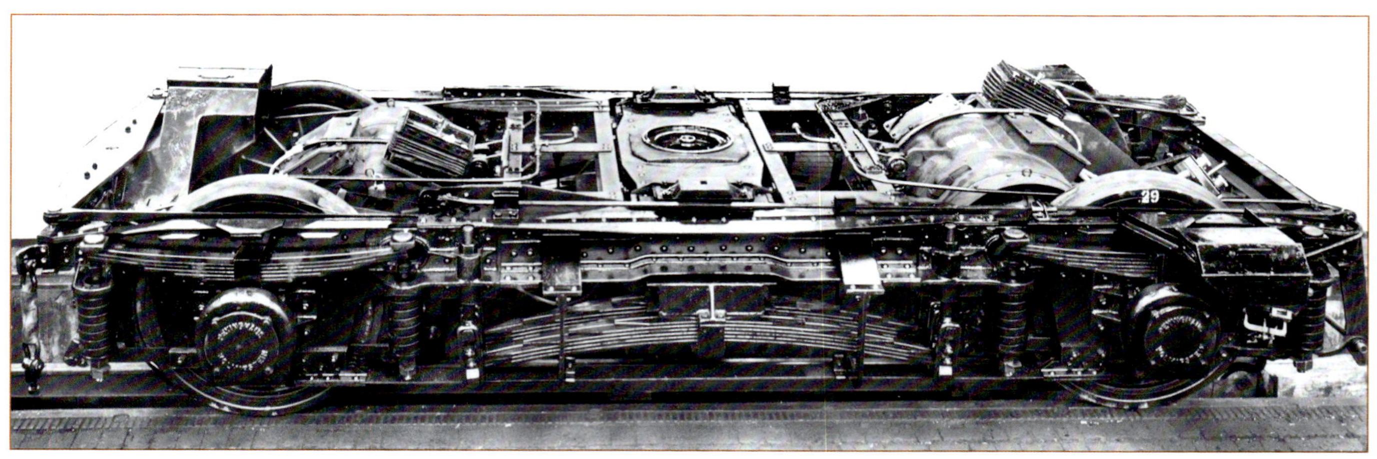

Oben links: Der fertige elT 1201 (ET 65 001) (oben) posiert hier für eine Werbeaufnahme. Diese erste Bauform der Baureihe ET 65 ist durch genietete Wagenkästen mit Frontübergängen charakterisiert. Für eine Seitenansicht hat der Werksfotograf auf dem Foto unten elT 1204 (ET 65 004) in Szene gesetzt.

Oben rechts: Sehr spartanisch präsentiert sich der Arbeitsplatz des Lokführers im ET 65.

Unten links: Auf dieser Innenansicht eines ET 65 schauen wir vom Großraum 3. Klasse auf den Einstiegsbereich,...

Unten rechts: ...während wir hier in den 3.-Klasse-Großraum mit den typischen Holzbänken blicken.

Oben und Mitte rechts: Passend zu den Triebwagen fertigt die ME auch Steuerwagen der Baureihe ES 65, welche neben Großräumen der 3. auch solche der 2. Klasse besitzen. Hier sehen wir elS 2201 (ES 65 001) im Werkshof der ME. Unten links: Der Großraum 3. Klasse im ES 65 weist keine Unterschiede zu dem im ET 65 auf. Unten rechts: Die Minimalkonfiguration eines ET 65-Gespannes besteht aus einem Trieb- und einem Steuerwagen. Dank Mehrfachsteuerung können bis zu drei dieser Gespanne zu einem Langzug kombiniert werden.

Oben und rechts: elT 1209 (ET 65 009) nebst Steuerwagen elS 2201 (ES 65 001) warten im Werk Mettingen darauf, an die DRG übergeben zu werden. Der Werksfotograf hat dies genutzt, um das Gespann für Werbeaufnahmen zu verewigen.

Unten: In Plochingen, wo sich heute das Betriebswerk und damit das Herz der S-Bahn Stuttgart befindet, war auch schon 1933 ein Betriebswerk vorhanden, das die Baureihe ET 65 betreute. Auf den beiden Aufnahmen sehen wir verschiedene ET 65-Zugeinheiten, bei denen teilweise noch Beiwagen zwischen Trieb- und Steuerwagen eingereiht sind. Diese entstanden durch Umbau württembergischer Vorort-Doppelwagen, welche ebenfalls aus ME-Fertigung stammten.

Aus der ersten Lieferserie von 1933 stammt dieser Kurzzug aus elT 1212 (ET 65 012) und elS 2209 (ES 65 009).

Links: Auf einer Probefahrt auf der Geislinger Steige befindet sich elT 1213 (ET 65 013). Auch er ist ein Vertreter der ersten Lieferserie von 1933.
Rechts: Die Maschinenfabrik Esslingen hatte auch Signaltechnik im Angebot, die mit diesem Foto beworben werden sollte. Rein „zufällig" fährt gerade ein ET 65 und damit ein weiteres Esslinger Produkt durch das Bild.

Letztes Exemplar der zweiten Lieferserie des ET 65 war elT 1221 (ET 65 021) aus dem Jahr 1937. Äußerlich ist diese zweite Serie leicht durch den fehlenden Stirnwandübergang von den Fahrzeugen der ersten Serie zu unterscheiden. Zudem weist sie eine geänderte Getriebeübersetzung und dadurch höhere Höchstgeschwindigkeit auf.

Im Innenraum der 3. Klasse hat sich dagegen auch bei der zweiten Lieferserie nichts verändert.

Deutlich wohnlicher gestaltet als in den ET 65 der ersten Serie präsentiert sich dagegen der Arbeitsplatz des Lokführers in den Triebwagen der zweiten Serie.

Oben: Zwischen 1938 und 1939 entstehen sieben Steuerwagen der zweiten Serie, welche einen nun komplett geschweißten Wagenkasten und neu entwickelte Drehgestelle besitzen.

Mitte: Die Innenräume haben dagegen keine Überarbeitung erfahren und präsentieren sich im gewohnten Design mit Holzbänken in der 3. Klasse…

Unten: …und deutlich bequemeren Polstersitzen in der 2. Klasse.

Hier sehen wir ein Antriebsdrehgestell eines ET 65 der dritten Lieferserie. Es ist bis auf den Einbauraum für die Fahrmotoren identisch mit den Laufdrehgestellen für die Steuerwagen der 2. Serie. So sind sie alle in Leichtbauweise gehalten, komplett geschweißt und weisen einen gegenüber den Fahrzeugen der ersten Serie deutlich reduzierten Radstand auf.

Oben: Ablieferungsbereit wartet der elT 1225 (ET 65 025) auf dem Anschlussgleis in Mettingen darauf, mit einem Steuerwagen kombiniert zu werden. Als Vertreter der 3. Lieferserie hat er einen komplett geschweißten Aufbau mit nur noch zwei statt wie bisher drei Führerstandsfenstern.

Rechts: Am Arbeitsplatz des Lokführers hat sich zwischen 2. und der hier abgebildeten 3. Lieferserie des ET 65 wenig geändert.

elT 1224 (ET 65 024) führt diesen ET 65-Zugverband an, bei dem zwischen den Trieb- und den Steuerwagen auch noch ein Beiwagenpaar eingereiht ist.

Oben: Auch bei diesem Zugverband der aus zwei ET 65 / ES 65-Pärchen gebildet ist, findet sich elT 1224 (ET 65 024) wieder an der Spitze.

Mitte: Und auch einen Kurzzug, gebildet aus elT 1224 (ET 65 024) und einem Steuerwagen, hat der Fotograf noch festgehalten.

Unten: Ab 1960 modernisierte die DB die Baureihe ET / ES 65 umfassend, was äußerlich vor allem an den neuen Fronten mit nur noch zwei Führerstandsfenstern und den Einheitsdoppelscheinwerfern erkennbar war. Hier sehen wir den modernisierten und 1968 in 465 003 umgezeichneten früheren ET 65 003 (elT 1203) 1974 im Stuttgarter Hauptbahnhof. Hinter ihm ist ein vierachsiger Umbauwagen der Gattung B4yg zu erkennen, welcher ab 1959 die württembergischen Doppelwagen als Beiwagen ersetzte.
(Aufnahme Wolfgang-D. Richter)

Elektrotriebwagen der Baureihe ET 25 für die DRG

Fabriknummer	Baujahr	Betriebsnummer	Elektrische Ausrüstung
W 18906	1935	1801a	BBC
W 18907	1935	1801b	BBC
W 18908	1935	1802a	BBC
W 18909	1935	1802b	BBC
W 18910	1935	1803a	BBC
W 18911	1935	1803b	BBC
W 18912	1935	1804a	BBC
W 18913	1935	1804b	BBC
W 18914	1935	1805a	BBC
W 18915	1935	1805b	BBC
W 18916	1935	1806a	BBC
W 18917	1935	1806b	BBC
W 18918	1935	1807a	BBC
W 18919	1935	1807b	BBC
W 18920	1935	1825a	BBC
W 18921	1935	1825b	BBC
W 18922	1935	1826a	BBC
W 18923	1935	1826b	BBC
W 18924	1935	1827a	BBC
W 18925	1935	1827b	BBC

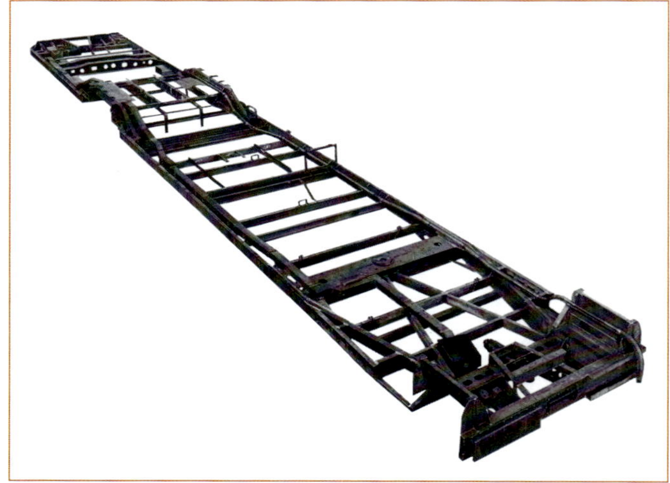

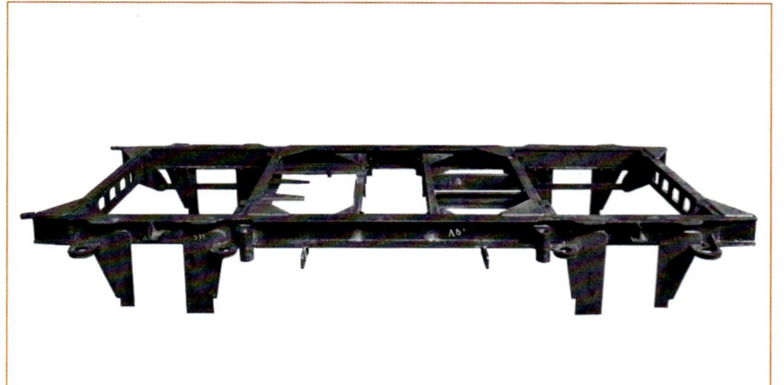

Oben: 1935 fertigt die ME zusammen mit der MAN eine Serie von Einheits-Elektrotriebwagen der späteren Baureihe ET 25. Das Untergestell eines elT 18, wie sie damals noch bezeichnet wurden, ist auf der Werbeaufnahme links zu sehen, während er im Bild rechts bei der Bearbeitung in einer drehbaren Schweißvorrichtung abgebildet ist.

Unten: Die Drehgestelle – auf diesem Foto der Rahmen im Rohbau – sind in geschweißter Leichtbauweise gehalten.

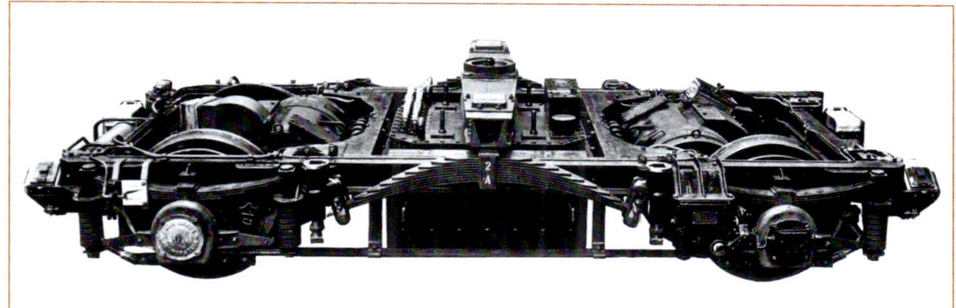

Oben: Die Elektrotechnik für die ET 25 stammt von der AEG, BBC und SSW, wobei die von der ME produzierten Triebwagen alle BBC-Tatzlagermotoren besitzen.

Rechts oben: Das fertige Antriebsdrehgestell eines ET 25 sehen wir hier. Gut zu erkennen ist der unter der Wiege hängend eingebaute Haupttransformator.

Rechts zweite von oben: Das Laufdrehgestell für den ET 25 hingegen entspricht weitgehend der Bauart Görlitz III.

Rechts dritte von oben: Hier blickt der Fotograf in die Halle des Wagenbaus im Werk Mettingen, wo gerade ein Wagenkasten eines ET 25 zusammengeschweißt wird.

Unten links: Der im Rohbau fertige Wagenkasten wird einer Belastungsprobe mit Gussblöcken unterzogen, welche im Innenraum das Gewicht von Ausrüstung und maximaler Zuladung simulieren.

Unten rechts: Auf dieser Aufnahme hat der Fotograf den Moment festgehalten, als der bereits grundierte Wagenkasten erstmals auf die Drehgestelle aufgesetzt wird.

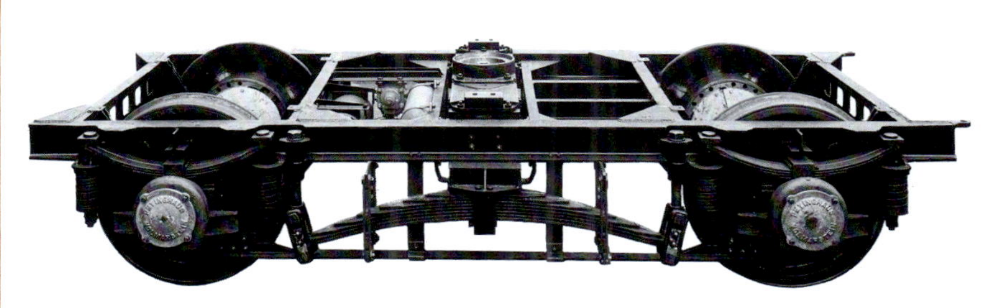

Fertig lackiert, aber noch komplett ohne Anschriften präsentiert sich eine Hälfte eines ET 25 dem Betrachter.

Lichtdurchflutet und aufgeräumt, aber ohne Sitzmöglichkeit für den Lokführer zeigt sich der Führerstand. Nur für die Pausen ist ein Klappsitz vorhanden.

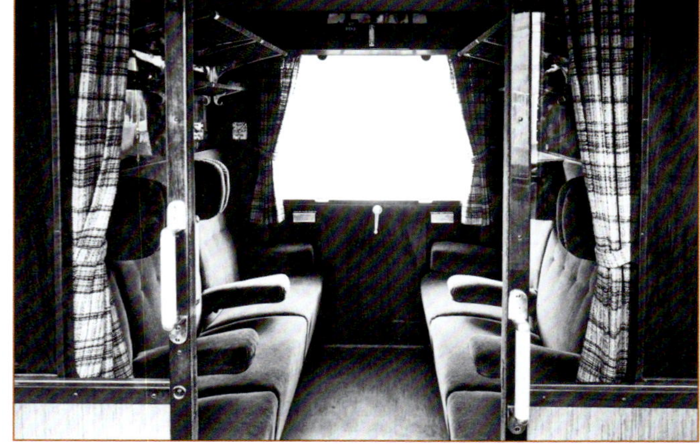

Ein Großraum mit Polstersitzen kennzeichnet die 3. Wagenklasse (oben), während in der 2. Klasse (unten) gemütlich eingerichtete Sechserabteile vorhanden sind.

Die Mitteleinstiege sind als Doppeleinstiege für den schnellen Fahrgastwechsel ausgelegt und besitzen wie die Endeinstiege Schiebtüren mit integrierter Abdeckung des Trittstufenschachtes.

An den Mitteleinstiegen ist in jedem Wagen eine Toilette vorhanden.

Hier sehen wir die Wagenenden der beiden Triebwagenhälften vor dem Zusammenkuppeln.

Links: Die abgerundete Kopfform war das charakteristische Merkmal aller Einheits-Elektrotriebwagen der DRG. Rechts: Das Kurzkuppelende weist einen schmalen Durchgang auf, der über einen einteiligen Faltenbalg geschützt wird. Links ist der abgeschirmte Anschlussbereich des Hochspannungskabels zu sehen, das bis ins benachbarte Triebdrehgestell zum dort aufgehängten Trafo führt.

Vor dem Start einer Testfahrt nach Ulm präsentiert sich elT 1801 (ET 25 015) hier dem Fotografen.

Links: Auf dem Weg hinauf auf der Geislinger Steige eilt elT 1801 (ET 25 015) durch das winterlich verschneite Württemberg.

Oben: In Ulm angekommen ist die Front von elT 1801 (ET 25 015) mit einer Schneeschicht überzogen.

Nach der Ankunft in Ulm haben sich die Teilnehmer der Probefahrt zu einem Gruppenfoto am Bahnsteig versammelt.

Oben: Hier sehen wir elT 1801 (ET 25 015) nach seiner Rückkehr nach Esslingen.

Mitte: Im sommerlichen Esslingen hat der Fotograf elT 1802 (ET 25 016) auf diesem Foto festgehalten.

Unten: Zwischen 1963 und 1966 modernisierte die DB die noch vorhandenen Triebwagen der Baureihe ET 25, wobei diese unter Verwendung ehemaliger Steuerwagen der Baureihe ES 25 zu dreiteiligen Triebwagen umgebaut wurden. Im Rahmen der Modernisierung verloren die Triebwagen auch ihre charakteristische, rundliche Front zugunsten gerader Stirnwände mit zwei Führerstandsfenstern und Einheitsdoppelscheinwerfern. Auf seiner Fahrt von Heilbronn nach Stuttgart kommt 425 115 an einem Frühlingsmorgen im Jahr 1980 hier gerade im Bahnhof Besigheim an.
(Aufnahme Wolfgang-D. Richter)

Elektrotriebwagen der Baureihe ET 11 für die DRG

Fabriknummer	Baujahr	Betriebsnummer	Elektrische Ausrüstung
W 18926	1935	1900a	BBC
W 18927	1935	1900b	BBC

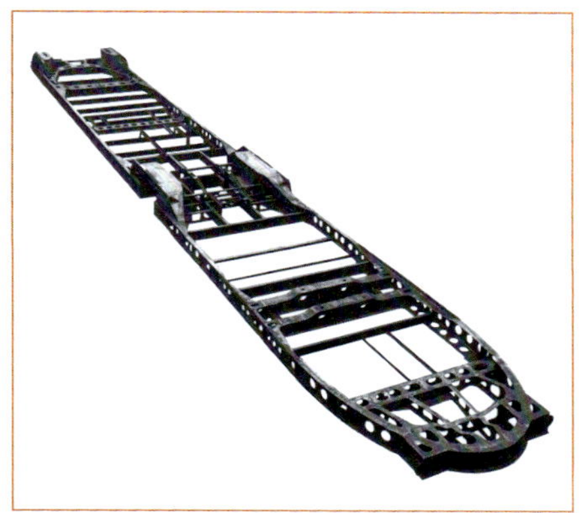

Links: 1933 erhält die ME den Auftrag zum Bau des Schnelltriebwagens elT 1900 (ET 11 01). Das Untergestell einer der beiden Triebwagenhälften ist im Laufe des Jahres 1934 fertig. Rechts: Die Antriebsdrehgestelle des elT 1900 (ET 11 01) haben einen Buchli-Antrieb und weisen jeweils zwei Fahrmotoren der BBC auf.

Wie üblich schickt die ME den fertigen elT 1900 (ET 11 01) zu einer Probefahrt über die Geislinger Steige.

Oben: Der elT 1900 (ET 11 01) auf der Probefahrt über die Geislinger Steige.

Links: Eine optimale Sicht auf die Strecke bietet der Führerstand des elT 1900 (ET 11 01).

Unten: Der elT 1900 (ET 11 01) weist nur Großräume der 2. Wagenklasse auf, welche eine 2 + 1-Bestuhlung aus bequemen Polstersesseln besitzen. Die Polsterbezüge der Raucher- und Nichtraucherabteile unterscheiden sich dabei. Intarsien an den Wänden sind aber in beiden Abteilen vorhanden.

In einer der beiden Triebwagenhälften ist eine kleine Küche untergebracht.

Der elT 1900 (ET 11 01) ist 1935 eines der Ausstellungsstücke der großen Fahrzeugschau in Nürnberg anlässlich der 100-Jahr-Feier der Deutschen Reichsbahn.

Oben links: Da die Triebwagen ET 11 02 und 03 im Einsatz lauftechnische Probleme bereiten, wird die ME 1939 mit der Entwicklung neuer Drehgestelle beauftragt.

Oben rechts: Hier sehen wir eines der beiden Laufdrehgestelle des elT 1901 (ET 11 02), das die ME wegen ungenügender Laufeigenschaften des ursprünglichen Görlitzer Konzepts in Auftrag erhielt. Neu sind die spielfreie Führung der Radsätze über Achslenker und die Schraubenfederung der nun über Lenker geführten Wiege.

Links: Kriegsbedingt wird zunächst nur elT 1901 (ET 11 02) mit den neuen Drehgestellen ausgerüstet werden.

Unten: Nur ET 11 01 ist der Nachwelt erhalten geblieben. Bestmöglich restauriert ist er im Museum der DGEG in Neustadt an der Weinstraße untergestellt. (Aufnahme Wolfgang-D. Richter)

Elektrotriebwagen eT 3 für die Trossinger Eisenbahn

Fabriknummer	Baujahr	Betriebsnummer	Elektrische Ausrüstung
W 19254	1938	eT 3	AEG

Die Trossinger Eisenbahn ordert 1938 einen vierachsigen Triebwagen bei der ME, von dem wir hier eines der beiden Drehgestelle während der Montage sehen.

Der fertige eT 3 präsentiert sich auf dieser Aufnahme dem Werksfotografen. Gut erkennbar auf der Ansicht schräg von vorne ist ein dritter Scheinwerfer in der Mitte der Fahrzeugfront über dem Kupplungshaken.

Der fertige eT 3 präsentiert sich hier auf einer weiteren Aufnahme des Werksfotografen.

Oben links: Auf dem Führerstand des eT 3 geht es ziemlich eng zu.

Oben rechts: Den Innenausbau der Fahrgasträume übernehmen die Trossinger selbst. Im Großraum der 3. Klasse herrscht einmal mehr Holz vor,…

Unten: …im deutlich kleineren 2.-Klasse-Großraum kommen dagegen Polstersitze zum Einbau.

1957 weilt eT 3 zur Revision wieder im Herstellerwerk. Hier sehen wir ihn beim Wiedereinbau der mit neuen Radreifen versehenen Radsätze.

Rechts: Anlässlich einer Rundfahrt der Verkehrsfreunde Stuttgart holen die Trossinger auch ihren museal erhaltenen eT 3 aus der Remise, der sich mustergültig restauriert zeigt. (Aufnahme Jürgen Ranger)

Oben: Auch das Herstellerschild mit der Fabriknummer 19254 ist noch erhalten. (Aufnahme Jürgen Ranger)

Elektrotriebwagen für die Chilenische Staatsbahn

Fabriknummer	Baujahr	Betriebsnummern	Elektrische Ausrüstung
W ?	1940	AM-51 - AM-54	SSW

Zwischenwagen zum Elektrotriebwagen für die Chilenische Staatsbahn

Fabriknummer	Baujahr	Betriebsnummer	Elektrische Ausrüstung
W ?	1954	AM-1 - AM-12	

Aus einer Bestellung der Chilenischen Staatsbahn erhält die ME 1937 den Auftrag zum Bau von vier dreiteiligen Elektrotriebzügen. Diese sollen auf der mit 3000 V Gleichstrom elektrifizierten Strecke von Santiago nach Cartagena zum Einsatz kommen. Sie besitzen jeweils zwei Antriebsdrehgestelle mit Tatzlagermotoren der SSW und zwei Jakobs-Drehgestelle.

In einen der Wagenkästen im Rohbau für einen Triebkopf aus dem Chileauftrag blicken wir hier. (Werkfoto LHB – Sammlung Weber)

Links und Mitte: Der Führerstand ist recht knapp bemessen und so ausgelegt, dass er hinter einer Klapptüre verschwindet, wenn zwei Triebzüge aneinander gekoppelt und die Stirnwandübergänge geöffnet werden. Rechts: An den Wagenenden weisen die einzelnen Elemente der Triebzüge breite Doppeleinstiege mit Schiebetüren auf.

Ein einfacher Vorhang trennt den eigentlichen Fahrgastraum von den Plattformen am Wagenende ab.

Im Großraum der 1. Klasse sind rechts und links des Mittelgangs Viersitzgruppen mit gepolsterten Bänken angeordnet.

Vor seinem Transport nach Bremen hat der Werksfotograf den für Santiago bestimmten Triebzug AM-54 in Szene gesetzt.

Auch die beiden Triebzüge AM-53 und AM-51 warten auf ihren Abtransport nach Bremen, von wo sie zusammen mit weiteren Triebzügen aus LHB-Fertigung und zwei Diesel-Triebzügen, welche die MAN gebaut hat, nach Chile verschifft werden.

Links: Die Optik der Chile-Triebzüge mit nur einem großen Scheinwerfer als Spitzenlicht ist für europäische Augen recht ungewöhnlich. Rechts: An die Spitze und das Ende des Verbandes ist jeweils ein Schutzwagen gekuppelt worden, so dass der Abtransport nun unmittelbar bevorsteht.

Oben: AM-2 hingegen stammt aus dem für den Vorortverkehr zwischen Valparaiso und Calero vorgesehenen Los und wurde von LHB in Breslau gebaut. Wir sehen ihn hier 1940 in Berlin nach dem Einbau der elektrischen Ausrüstung bei der Inbetriebnahme auf dem Probegleis der SSW an der Nonnendammallee.
(Sammlung Wolfgang-D. Richter)

Mitte: 1954 ordert die Chilenische Staatsbahn für die zwölf Vororttriebzüge in Valparaiso weitere Zwischenwagen, um sie zu Vierteilern verlängern zu können.

Unten: Im Vorortverkehr von Valparaiso gibt es nur die 3. Wagenklasse, weshalb auch die neuen Mittelwagen nur einen Großraum der 3. Klasse aufweisen. In ihnen sind die mit Kunstleder bezogenen Sitzbänke recht eng gestellt.

Oben: Da die einzelnen Elemente der Triebzüge auf Jakobs-Drehgestellen ruhen, müssen zur Überführung der Mittelwagen nach Bremen an den Enden Spezialdrehgestelle zum Einsatz kommen, die über normale Zug- und Stoßeinrichtungen verfügen.

Mitte links und rechts: In Bremen angekommen werden die Wagenkästen angehoben und für ihre Reise nach Südamerika auf ein Schiff verladen.

Hier ist wohl etwas schiefgelaufen beim Versuch, den Wagenkasten anzuheben. Da der Wagenkasten beim Absturz im Bereich des Einstiegs geknickt und verdreht wurde und auch sonst einige Schäden im Bereich des Untergestells erlitten hat, musste er zur Reparatur ins Herstellerwerk zurückgeschickt werden.

Umbau der Triebwagen der Baureihe ET 31 zur Baureihe ET 32

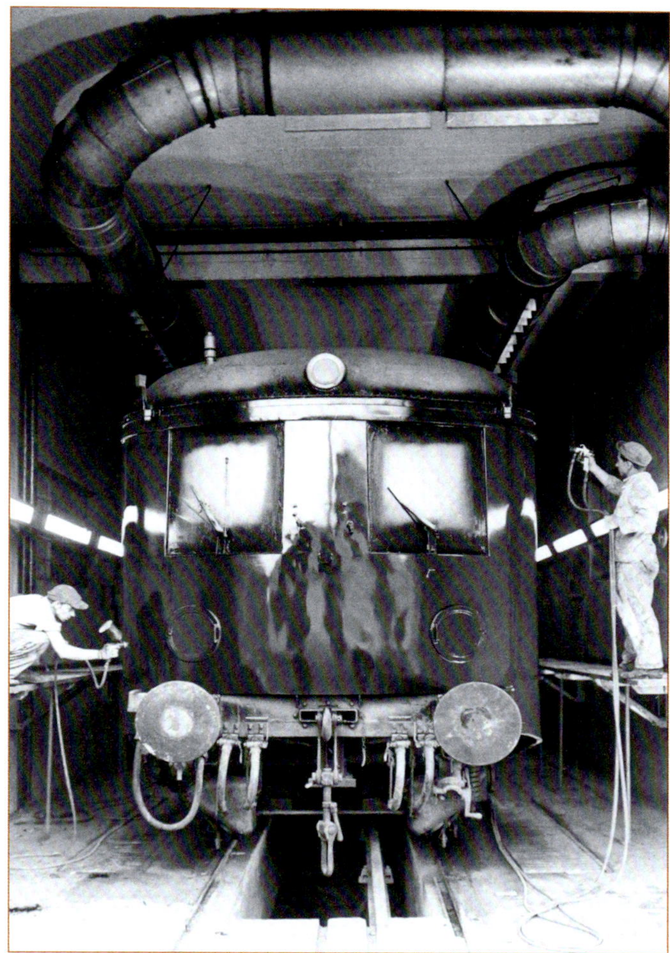

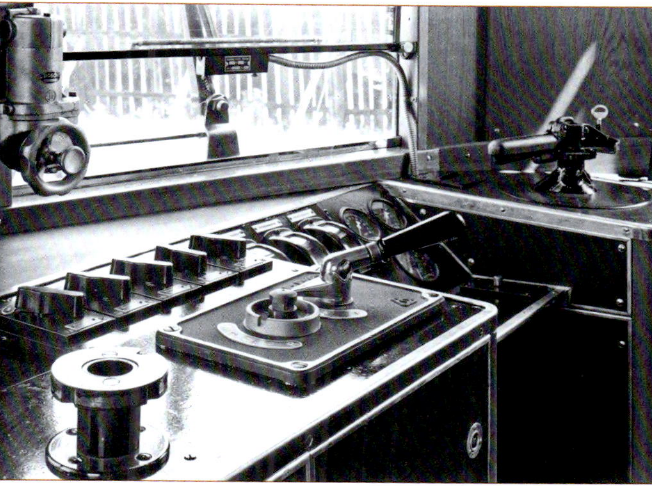

Links: Nach dem Zweiten Weltkrieg lässt die Bundesbahn bei der ME Steuerwagen der Baureihe ES 25 zur Baureihe ES 32 umbauen. Sie werden mit je einem Motor- und Mittelwagen der bisherigen Baureihe ET 31 kombiniert, so dass daraus die dreiteiligen Triebzüge der neuen Baureihe ET 32 entstehen. Einen der umgebauten ES 32 sehen wir hier, während er sein rotes Farbkleid erhält. Rechts oben: Dieser Blick auf den Führerstand eines ES 32 zeigt die Bedienelemente, vorn links der Bügelwahlschalter, noch ohne den aufzusteckenden Handgriff, ebenso wie beim Fahrtrichtungsschalter, der neben dem Fahrschaltergriff der Auf-Ab-Steuerung angeordnet ist. Ganz rechts ist noch das Führerbremsventil zu sehen. Rechts unten: Der Innenraum weist gepolsterte Dreiersitzbänke und einen Seitengang auf.

In den 1960er-Jahren modernisiert die DB die Triebzüge der Baureihe ET 32 umfassend, welche dabei ihre charakteristischen runden Köpfe zugunsten einer neuen, flachen Front verlieren. 1982, zwei Jahre bevor sie endgültig ausgemustert werden, konnte diese ET 32-Doppeltraktion in Altdorf bei Nürnberg festgehalten werden.

(Aufnahme Wolfgang-D. Richter)

Zwischenwagen zum Elektrotriebwagen der Baureihe ET 56 für die Deutsche Bundesbahn

Fabriknummer	Baujahr	Betriebsnummer
W 23429	1952	EM 56 001
W 23430	1952	EM 56 002
W 23431	1952	EM 56 003
W 23432	1952	EM 56 004
W 23433	1952	EM 56 005
W 23434	1952	EM 56 006
W 23435	1952	EM 56 007

Oben links: Zur Modernisierung des Vorortverkehrs entwickelt die DB Anfang der 1950er-Jahre die Baureihe ET 56. Neben Fuchs und Rathgeber ist auch die ME an der Fertigung beteiligt, wobei die Esslinger die Produktion der sieben Mittelwagen übernehmen. Der Wagenkasten ist dabei als selbsttragende Röhre in Spantenbauweise konzipiert, deren einzelne Elemente wie Perlen auf einer Kette auf zwei Stahlrohre durch die Bodenspanten aufgereiht werden.

Oben rechts: Hier sehen wir das Dachgerippe eines EM 56, das am linken Bildrand bereits teilweise beblecht ist.

Unten links: Auf dieser Aufnahme blicken wir in einen Wagenkasten im Rohbau hinein. Gut zu erkennen ist die Leichtbauweise der Dachkonstruktion, welche an den Einstiegsöffnungen entsprechend verstärkt ist.

Unten rechts: Einen Blick ins Innere eines Wagenkastens im Rohbau gewährt uns diese Aufnahme.

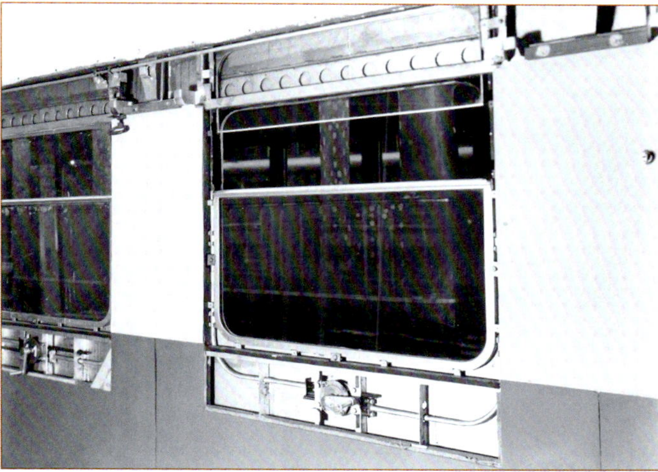

Links: In der Mitte des Wagenkastens ist ein Doppeleinstieg mit Schiebetüren angeordnet.

Oben: Der Innenausbau hat begonnen und die Wände sind bereits teilweise verkleidet. An den Fenstern ist die Verkleidung noch unvollständig, so dass der Kurbelmechanismus zum Öffnen und Schließen der oberen Fenstersegmente sichtbar ist.

Nur mit Grundierung versehen präsentiert sich dieser EM 56 auf einer Schiebebühne im Werk Mettingen dem Fotografen.

Für ein klassisches ME-Werbefoto hat man hier einen kompletten ET 56 vor einer der Werkshallen platziert.

So zeigt sich der Führerstand eines ET 56, dessen Fahrschalter im Vergleich mit dem im ES 32 daran erinnert, dass von der BBC für den gesamten Lieferumfang auf Bauteile von kriegsbedingt ausgemusterten Triebwagen der Baureihen ET 25, 55 und 31 zurückgegriffen wird.

Im schlichten Charme der 1950er-Jahre zeigt sich die Toilette im ET 56. Daneben sind die mit Kunstleder bezogenen Sitze der 3. Klasse zu erkennen.

In Vierergruppen sind die Sitze der 2. Klasse rechts und links des Mittelgangs angeordnet.

Hier war die Fotoabteilung wieder einmal heftig mit dem Retuschestift am Werk, um den ET 56 für ein Werbefoto entsprechend in Szene zu setzen.

Auf seiner Fahrt durch das Neckartal von Heidelberg nach Heilbronn konnte 1975 der 456 106 zwischen Hirschhorn und Eberbach festgehalten werden.

(Aufnahme Wolfgang-D. Richter)

Steuerwagen der Baureihe ESA 176 für die Deutsche Bundesbahn

Fabriknummer	Baujahr	Betriebsnummer
W 23768	1955	ESA 176 002
W 23769	1955	ESA 176 003
W 23770	1955	ESA 176 004
W 23771	1955	ESA 176 005
W 23772	1955	ESA 176 006

Um die Akkumulatortriebwagen der Baureihe ETA 176 flexibler einsetzen zu können, ordert die DB 1954 acht passende Steuerwagen der Baureihe ESA 176. Fünf von ihnen fertigt die ME.

Mit glänzendem Lack zeigt sich der eben fertiggestellte ESA 176 002 hier in strahlendem Sonnenschein dem Fotografen.

Vier der fünf ESA 176 aus Esslinger Fertigung sind auf diesem Foto vereint.

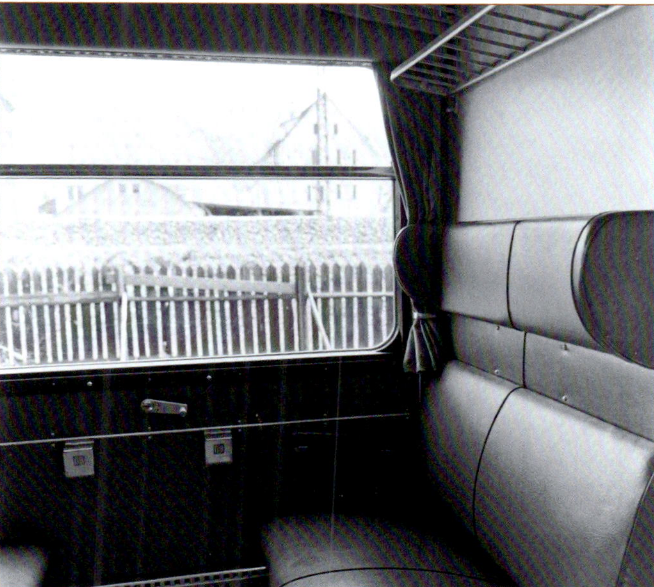

Oben: Klassischer DB-Charme mit den typischen Kunstledersitzbänken herrscht im Innenraum des ESA 176 vor.

Rechts oben: Zum Öffnen und Schließen der oberen Fensterdrittel hat der ESA 176 den schon vom ET 56 bekannten Kurbelmechanismus.

Rechts unten: Im Vergleich zu heutigen Führerständen wirkt das Bedienpult im ESA 176 mehr als spartanisch und recht übersichtlich.

Elektrotriebwagen eT 5 für die Trossinger Eisenbahn

Fabriknummer	Baujahr	Betriebsnummer	Elektrische Ausrüstung
W 24836	1956	eT 5	SSW

1956 ordert die Trossinger Eisenbahn einen weiteren Triebwagen bei den Esslingern. Der kleine Triebwagen, der hier gerade zwischen Straßenbahnen für die SSB Stuttgart seiner Vollendung entgegengeht, ist ein Zweiachser.

Links und unten links: Der fertige eT 5 wird vom Werksfotografen von allen Seiten abgelichtet. Mit ihm endet der Bau von Vollbahn-Elektrotriebwagen in Esslingen.

Unten rechts: Recht nüchtern präsentiert sich der Innenraum des eT 5, der nur einen Großraum der 2. Wagenklasse besitzt.

Auch eT 5 ist in Trossingen bis heute museal erhalten geblieben und wird nur noch zu besonderen Anlässen aus der Remise geholt. Sein Herstellerschild dokumentiert das Produktionsjahr 1956 und die Fabriknummer 24836.
(Aufnahmen Jürgen Ranger)

Literatur

Bücher:

- Deutsche Reichsbahn: Verzeichnis der Dienstgüter- und Bahndienstwagen, 1. Teil; Wien 1939
- Dietz, Günther: Deutsche Verbrennungstriebwagen 1924 bis 1937; Triebwagen-Report Band No.1, Hermann Merker Verlag, Fürstenfeldbruck 1996
- Dietz, Günther: Verbrennungstriebwagen, Bei- und Steuerwagen der Deutschen Reichsbahn 1937 bis 1941; Triebwagen-Report Band No.2, Hermann Merker Verlag, Fürstenfeldbruck 1997
- Estler, Thomas; Fahrzeugportrait Baureihe ET 30 / ET 65; Transpress, Stuttgart 2000
- Estler, Thomas; Fahrzeugportrait Baureihe ET 65; Transpress, Stuttgart 1999
- Estler, Thomas; Fahrzeugportrait Esslinger Triebwagen; Transpress, Stuttgart 2002
- Gottwald, Alfred B.; 100 Jahre deutsche Elektro-Lokomotiven; Franckh, Stuttgart, 1979
- Iffländer, Paule, Braun, Rieger: Die elektrischen Einheitstriebwagen der Deutschen Reichsbahn, Band I: Die Wegbereiter ET 51 und 65; Andreas Braun Verlag, München 1987
- Iffländer, Paule, Braun, Rieger: Die elektrischen Einheitstriebwagen der Deutschen Reichsbahn, Band II: Die Baureihen ET 25, 45, 55 und 255; Andreas Braun Verlag, München 1988
- Iffländer, Paule, Braun, Rieger: Die elektrischen Einheitstriebwagen der Deutschen Reichsbahn, Band III: Die Triebwagen für den Städteschnellverkehr ET 11 und 31/32; Andreas Braun Verlag, München 1989
- Kurz, Heinz; Fliegende Züge - Vom „Fliegenden Hamburger“ zum „Fliegenden Kölner“; Eisenbahn Kurier Verlag, Freiburg 1986
- Kurz, Heinz; Triebwagen der Deutschen Reichsbahn – Die Baureihe VT 133 bis VT 137; Eisenbahn Kurier Verlag, Freiburg 2013
- Lokalbahn-Aktiengesellschaft in München; Verzeichnis und Zeichnungen der Lokomotiven, Motor-, Personen- und Güterwagen; Eigenverlag, München 1909
- Mayer, Max; Esslinger Lokomotiven, Wagen und Bergbahnen; VDI-Verlag, Berlin 1924
- Messerschmidt, Wolfgang; Lokomotiven der Maschinenfabrik Esslingen 1841 bis 1966. Ein Kapitel internationalen Lokomotivbaues; Steiger, Moers 1984
- Obermayer, Horst J.; Taschenbuch Deutsche Triebwagen; Franckh, Stuttgart 1982
- Pavel, Rudolf P.: Stuttgarter Vororttriebwagen ET 465; Verlag der Eislinger Zeitung, Eislingen 1981
- Putze; Dr.-Ing. O.; 120 Jahre Linke-Hofmann-Busch Salzgitter Watenstedt 1839–1959 Band III; LHB im Eigenverlag, Salzgitter 1959
- Taschinger, Otto: Zweiteilige Wechselstrom-Schnelltriebzüge für 160 km/h der deutschen Reichsbahn. In: Elektrische Bahnen 11, 1938, S. 257-267
- Troche, Horst; Die elektrischen Schnelltriebwagen elT 1900 bis 1902 der Deutschen Reichsbahn (Baueihe ET 11), Eisenbahnen und Museen, Folge 46, DGEG, Werl 1999
- Uebel, Lutz, Richter, Wolfgang-D.: 150 Jahre Schienenfahrzeuge aus Nürnberg; Eienbahn Kurier Verlag, Freiburg 1994
- Willhaus, Werner; Kittel-Dampftriebwagen – Innovation des Nahverkehrs vor 100 Jahren; Eisenbahn Kurier Verlag, Freiburg 2008

Zeitschriften:

- Eisenbahn Kurier
- Eisenbahn Magazin
- Elektrische Bahnen
- Glasers Annalen
- Werkszeitung der Maschinenfabrik Esslingen

Bildquellen

Sofern nicht anders vermerkt, stammen sämtliche Abbildungen aus dem Bestand der Maschinenfabrik Esslingen im Wirtschaftsarchiv Baden-Württemberg.

Weitere Bücher unseres Verlages – eine Auswahl

180 Seiten, 6000 Bilder, 28 x 21 cm
Festeinband, ISBN 9783861339014
EUR 29,90 Bestellnummer **901**

180 Seiten, 520 Bilder, 28 x 21 cm
Festeinband, ISBN 9783861339137
EUR 29,90 Bestellnummer **913**

168 Seiten, 480 Bilder, 28 x 21 cm
Festeinband, ISBN 9783861339632
EUR 29,90 Bestellnummer **963**

168 Seiten, 480 Bilder, 28 x 21 cm
Festeinband, ISBN 9783861339793
EUR 29,90 Bestellnummer **979**

144 Seiten, 320 Bilder, 28 x 21 cm
Festeinband, ISBN 9783861333548
EUR 19,90 Bestellnummer **354**

152 Seiten, 320 Bilder, 28 x 21 cm
Festeinband, ISBN 9783861334965
EUR 24,90 Bestellnummer **496**

136 Seiten, 300 Bilder, 28 x 21 cm
Festeinband, ISBN 9783861335566
EUR 19,90 Bestellnummer **556**

160 Seiten, 360 Bilder, 28 x 21 cm
Festeinband, ISBN 9783861339434
EUR 29,90 Bestellnummer **943**

176 Seiten, 480 Bilder, 28 x 21 cm
Festeinband, ISBN 9783861339120
EUR 29,90 Bestellnummer **912**

340 Seiten, 1200 Bilder, 28 x 21 cm
Festeinband, ISBN 9783861337867
EUR 49,90 Bestellnummer **786**

216 Seiten, 310 Bilder, 28 x 21 cm
Festeinband, ISBN 9783861331919
EUR 17,45 Bestellnummer **191**

220 Seiten, 550 Bilder, 28 x 21 cm
Festeinband, ISBN 9783861334569
EUR 39,90 Bestellnummer **456**

Fordern Sie unseren Prospekt an mit Büchern über Autos, Motorräder, Lastwagen, Traktoren, Forstfahrzeuge, Lokomotiven, Baumaschinen, Feuerwehrfahrzeuge, Schwertransporte, Autokrane, Flugzeuge:

Verlag Podszun Motorbücher GmbH, Elisabethstraße 23-25, 59929 Brilon
Telefon: 02961-53213, Fax: 02961-9639900, Email: info@podszun-verlag.de, Webshop: www.podszun-verlag.de

374 Seiten, 850 Bilder, 28 x 21 cm
Festeinband, ISBN 9783861339403
EUR 49,90 Bestellnummer **940**

360 Seiten, 800 Bilder, 28 x 21 cm
Festeinband, ISBN 9783861339830
EUR 49,90 Bestellnummer **983**

168 Seiten, 480 Bilder, 28 x 21 cm
Festeinband, ISBN 9783861339861
EUR 29,90 Bestellnummer **986**

160 Seiten, 480 Bilder, 28 x 21 cm
Festeinband, ISBN 9783861339854
EUR 29,90 Bestellnummer **985**

160 Seiten, 380 Bilder, 28 x 21 cm
Festeinband, ISBN 9783861339649
EUR 29,90 Bestellnummer **964**

160 Seiten, 360 Bilder, 28 x 21 cm
Festeinband, ISBN 9783861339922
EUR 29,90 Bestellnummer **992**

136 Seiten, 340 Bilder, 28 x 21 cm
Festeinband, ISBN 9783861339816
EUR 29,90 Bestellnummer **981**

170 Seiten, 510 Bilder, 28 x 21 cm
Festeinband, ISBN 9783861335603
EUR 29,90 Bestellnummer **560**

220 Seiten, 580 Bilder, 28 x 21 cm
Festeinband, ISBN 9783861339441
EUR 39,90 Bestellnummer **944**

220 Seiten, 580 Bilder, 28 x 21 cm
Festeinband, ISBN 9783861339847
EUR 39,90 Bestellnummer **984**

144 Seiten, 280 Bilder, 28 x 21 cm
Festeinband, ISBN 9783861338383
EUR 29,90 Bestellnummer **838**

174 Seiten, 390 Bilder, 28 x 21 cm
Festeinband, ISBN 9783861338246
EUR 29,90 Bestellnummer **824**